2016年8月

東京工業大学教授　岩﨑博史　田口英樹

池上彰が聞いてわかった生命のしくみ ● 目次

第1章「生きているって、どういうことですか」

第2章「細胞の中では何が起きているのですか」

第3章「死ぬって、どういうことですか」

第4章「地球が多様な生命であふれているのはなぜですか」

第5章 「ゲノム編集は私たちの未来を変えますか*」

特別対談「どうして今、生命科学を学ぶのですか」

＊……文庫化にあたり新しく加筆した部分です。

編集協力　島田祥輔
本文イラスト　二階堂ちはる

池上彰が聞いてわかった生命のしくみ　東工大で生命科学を学ぶ

第1章

「生きているって、どういうことですか」

01-01 高校の教科書はなぜ変わったのですか

池上　今回の鼎談を行うにあたって、今の高校生物の教科書を買って読んだのですが、私のころとは内容がずいぶん変わっていて驚きました。
田口　どの辺が違うと思われたのですか。
池上　DNA（デオキシリボ核酸《かくさん》）という物質の名称で、生命の遺伝現象に深く関わる。詳しくは64ページ「01-11　DNA、遺伝子、ゲノム、染色体《せんしょくたい》はそれぞれどう違うのですか」で紹介）の話題が多い印象を持ちました。
田口　そのとおりだと思います。高校の理科については、新しい学習指導要領が平成24年度から実施され、生物の内容が大きく変わったと言われています。今回の鼎談の趣旨に合う内容もかなり盛り込まれています。
池上　新しくなった教科書で学んでいる今の高校生にとっては、生物学とはこういうものだという認識でいるわけですね。ところが数十年前の生物の教科書で勉強していた人たちからすると、大きく変わったと思ってしまう。今の高校生と私の世代との間に、知識の格差ができてしまいました。その落差を少しでも埋めていこうというのが、この本の狙いであると。

岩﨑　そうです。今の高校や大学の教養として学ぶ生物の中で、もっとも根源的なことを幅広い年代層に届けたいという思いが、この本には込められています。

池上　でも、なぜ生物の教科書は大きく変わったのですか。

田口　むしろ、それまでの教科書の内容が古すぎたのです。DNAが二重らせん構造をしていることが1953年にわかり、そこから生物学は爆発的に発展し、劇的に変化してきました。ところが日本の生物の教科書は、新しい情報を後から付け足していくというスタイルだったため、教科書の内容が根本的に変わらないままでした。

池上　最新の情報は付け加えたものの、そもそもの教科書の教え方のスタイルが今の時代に即していなかったと。

田口　私はそう思っています。

池上　では、そもそものスタイルはどうなっていて、それがどう変わったのですか。

岩﨑　今までは、現象論中心の博物学だったのです。極端に言うと、一つひとつの生き物について研究し、見つかってきたものを個々に記述していく。だからつながりが少ない各論になり、覚えることも多くなってしまったのです。

池上　暗記科目というイメージにつながる原因にもなっているわけですね。その博物学的なものが、どう変わったのですか。

岩﨑　「生命とは何か」という根本原理をベースに考える、という視点が加わりました。

池上　「どんな生物がいるのだろう」という考えから、「そもそも生命とは何だろう」という視点から生物を見ていく、ということですね。

田口　それが池上さんの感じた、ＤＮＡを主体とした生命観だと思います。

01-02　生命科学とはどんな学問ですか

池上　本書では生命科学という言葉を使うのですが、生物学と生命科学とは何が違うのですか。

岩﨑　**生物学は英語でバイオロジー（biology）ですが、生命科学はライフサイエンス（life science）といいます。**一般的に、生物学のほうがより大きな範囲を扱う学問で、生命科学は生物学の一部です。たとえば、生態学は生物学の一部ですが、ここでいう生命科学には含まれません。ところが、学校で習う「生物」には暗記中心の科目であるなどという独特な先入観があります。そこで改めて、我々は生きものを根本的な原理から理解するという観点から、生命科学という言葉を選びました。サイエンスとして、生命現象を記述し理解するというスタンスです。そうすることで、生命科学は物理のように体系に乗っかった統一原理に従っている学問としてとらえることができます。そして、この本の終わりには、決して暗記科目ではないことがわかっていただけると思います。

池上　その考えはよくわかります。私は大学で歴史も教えているのですが、理系の学生は歴史を暗記科目だと思っているようです。その学生たちに「歴史は暗記科目ではない」とよく言っています。では、今の時代に生命科学が必要とされるのはなぜでしょうか。

田口　理由は二つあります。一つは、**「そもそも生命とは何であるか」**を理解することは、これからの現代社会における基礎知識になります。生命科学は20世紀の半ばから爆発的に発展して、多くの生命現象が発見され、日常生活にもその知識が浸透してきました。一般社会やニュースでも「ゲノム」などの生命科学の専門用語を見聞きする時代です。だからこそ、生命科学を知っておくことは、消費者として間違った情報や怪しい商品にだまされずに対処するための基礎知識になると思います。

池上　サプリメントや健康食品として売られているものの中には、怪しい商品も

田口　ありますからね。もう一つの理由は何でしょうか。

池上　根源的な、究極的な問いである**「自分は何であるか」**を考えるためです。生命を物質として見たときに「私たちの生命活動の源は何だろう」と考えるのは自然であり、そのしくみを知りたいというところに行き着くと思います。進化も含めて、知的好奇心を満たす学問の一つが生命科学です。

田口　なるほど。「私たちはいかなる存在なのか」や「私たちはどこから来てどこへ行こうとしているのか」という究極の問題は、これまでにも哲学の立場から考えられてきました。それを別の立場から「そもそも生きているとはどういうことなのか」と考えた人たちが、生命科学の道を切り開いてきたということですね。

そうです。「生命とは何か」という問いかけは古代からありましたが、きちんとした答えがこの数十年の間でかなり見えてきました。特に、自然科学の立場で最初にアプローチした人の中には、何人もの物理学者がいたというのは興味深いことです。その答えを、今を生きる私たちが知っておくのはいいことだと思います。

池上　進化論を否定して、神が人間を創ったと考える人たちもいますからね。

田口　人間は創造主によって創られたと信じる人がいるというのは、私からすると驚きです。もちろん思想や信条を押し付けるわけではありませんが、ここ数十年間の生命科学の進展によってわかったことを知るのは大切なことです。

池上　以前にアメリカで、キリスト教の中でもエヴァンジェリカル（福音派《ふくいんは》）と呼ばれる人たちを取材したことがあるのですが、彼らは進化論を否定しています。子どもを公立学校に通わせると進化論を教えられてしまうから、教育委員会の許可を得てホームスクーリング、つまり自宅学習をさせるのです。そういった家庭が、アメリカで約１００万世帯もいると推定されています。

田口　本当に信じがたいですね。

池上　日本の学校では文部科学省による検定済み教科書を使わなければいけませんが、アメリカではそのようなものがなく、それぞれの学校が自由に教科書を選択できます。特にエヴァンジェリカルが多い南部では、進化論を扱っている教科書は選ばれないようです。それ以外の地域では進化論を扱うのですが、その扱い方は非常に小さいのが現状です。結果的に、アメリカの学生は日本の学生に比べて、進化についての知識がはるかに弱いのです（進化については第４章で触れる）。

01-03 生きている、とはどういうことですか

池上　それでは本題に入っていきましょう。生命科学という分野を語るにあたり、そもそも「生命とは何か」「〝生きている〟とは何か」という疑問から始まると思います。言い換えれば「〝生きている〟と〝死んでいる〟の違いは何か」ということです。

田口　そうですね。ただ、それを説明するのは本当に難しいのです。

池上　たとえば、親が死ぬのを看取《みと》ったときには、ある瞬間に突然、生物ではなく物質的な「モノ」に変わりますよね。そこに外見的な違いは何にもないはずなのに、明らかに命が失われた、生きていないという瞬間を感じます。あの違いは一体何なのですか。

田口　人間の場合、「死」は定義によるところが大きいと思います。死ぬという

判断は社会によって違いますから。

池上　脳死を人の死と認めるかどうか、というところでも違ってきますね。あるいは、死んでも髪の毛や爪はしばらく伸び続けるともいいます。

田口　その場合、細胞レベルではまだ生きているのでしょう。**多細胞生物のような複雑な生物では、生と死の境界は見方によって変わってきます。**

池上　**細胞レベルで見るか、個体レベルで見るかの違い**ですね。

田口　つまり、1個の細胞からできている単細胞生物と、複数の細胞が集まってできている多細胞生物とでは、生命としての見方が違うのです。人間が生きている、死んでいる、の議論の前に、そもそも1個の細胞が生きている、死んでいる、の違いを考えたほうがよさそうです。

池上　まずは細胞というものから考えていきましょう、ということですね。かつてカール・マルクスは、資本主義経済の分析は資本主義を構成している「商品」の分析から始めると『資本論』の中で述べていますが、何だか似ている感じがします。

01-04

細胞の三つの定義とは何ですか

池上　では、「細胞が生きている」とはどういうことなのか。そもそも「細胞」とは一体何なのでしょうか。

田口　人間も昆虫も植物も、あらゆる生命に共通のものがあると考えた場合に、その共通するものが細胞です。さらにいえば、「生きている」ことを還元主義的に考えてたどり着いたものが細胞です。

池上　**すべての生命は細胞からできていると**。細胞には、具体的にどのような特徴があるのですか。

田口　よくある定義として、三つあります。**「境界・自己増殖・代謝《たいしゃ》」**です。

池上　「境界・自己増殖・代謝」と。それぞれ詳しく教えてください。

田口　まず、**細胞膜という「境界」**があることです。

池上　囲いを作って、他から隔離するのですね。

田口　そうです。袋のようなものがあった上で、次に生命らしいこととして**「自己増殖」**が挙げられます。自ら同じものが増えていかないと、やはり生命らしくありませんからね。

池上　**細胞が分裂するということですね。**

田口　はい。ただし、増えるといっても勝手に増えることはできないので、袋の中でエネルギーを作らないといけません。**外からエネルギーや細胞内成分の元となる物質を取り込んで、袋の中でエネルギーを生み出したり、新しく物質を作ったり、排出したりするなど、**いろ

細胞・生命の三つの定義

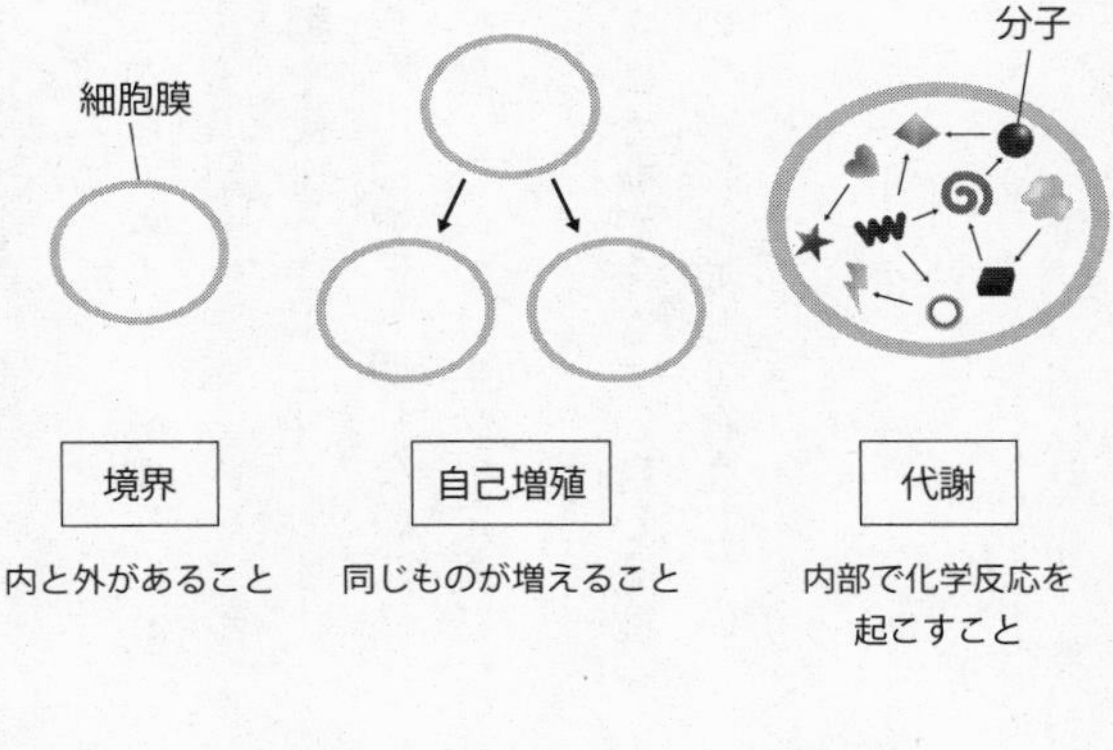

いろな化学反応を起こします。その一連の流れを「**代謝**」と呼びます。

池上　具体的にはどのようなものがありますか。

田口　たとえば、ごはんを食べて消化すること、そこからエネルギーを作ることが代謝です。

池上　そのような**袋の内部環境を維持するための活動**を代謝と呼ぶと。

田口　そうです。「境界・自己増殖・代謝」と、お互いに切っても切れない関係にあるのですが、この三つがよくある細胞の定義、ひいては生命の定義になります（前ページの図）。

池上　外部と違う環境を作るための囲いがあり、自ら増えながらも、独自の環境を維持している。それが細胞であり、すべての生物に共通して存在しているものである、ということですね。

01-05 ウイルスは生物ですか

池上 よく聞く話として、ウイルスは生命なのか生命ではないのか、というものがあります。そもそもウイルスとはどのようなものなのですか。

田口 **ウイルスは自分自身の中でエネルギーや体を作ることはできません。入り込んだ先の細胞を借りて、自分の材料を作っています**（次ページの図）。もし、生命の定義のうち、代謝の部分で「他の細胞を使ってもいい」とするなら、ウイルスを生命と見なしていいのかもしれません。

池上 確かに三つの定義に忠実に従えば、ウイルスは生命ではないですね。でも、入り込んだ先の細胞内で増えているところだけを見れば、いかにも生命のように見えてしまいます。

田口 ウイルスを生命とするかどうかは、最初の約束ごと、すなわち、定義に依存すると思います。代謝は自分でやらなくてもよい、としてしまえば、ウイルスは十分に生命っぽい振る舞いをします。

池上　ウイルスは生命である、と主張する人もいますよね。

田口　はい。しかもウイルスの中には、バクテリア（大腸菌、乳酸菌などの細菌）よりも体のサイズやDNA量が大きいものが見つかっています。ミミウイルスやパンドラウイルスという名前のウイルスです。

池上　サイズだけでウイルスかどうか決まるわけではないのですね。

ウイルスは自分自身の中で代謝ができない

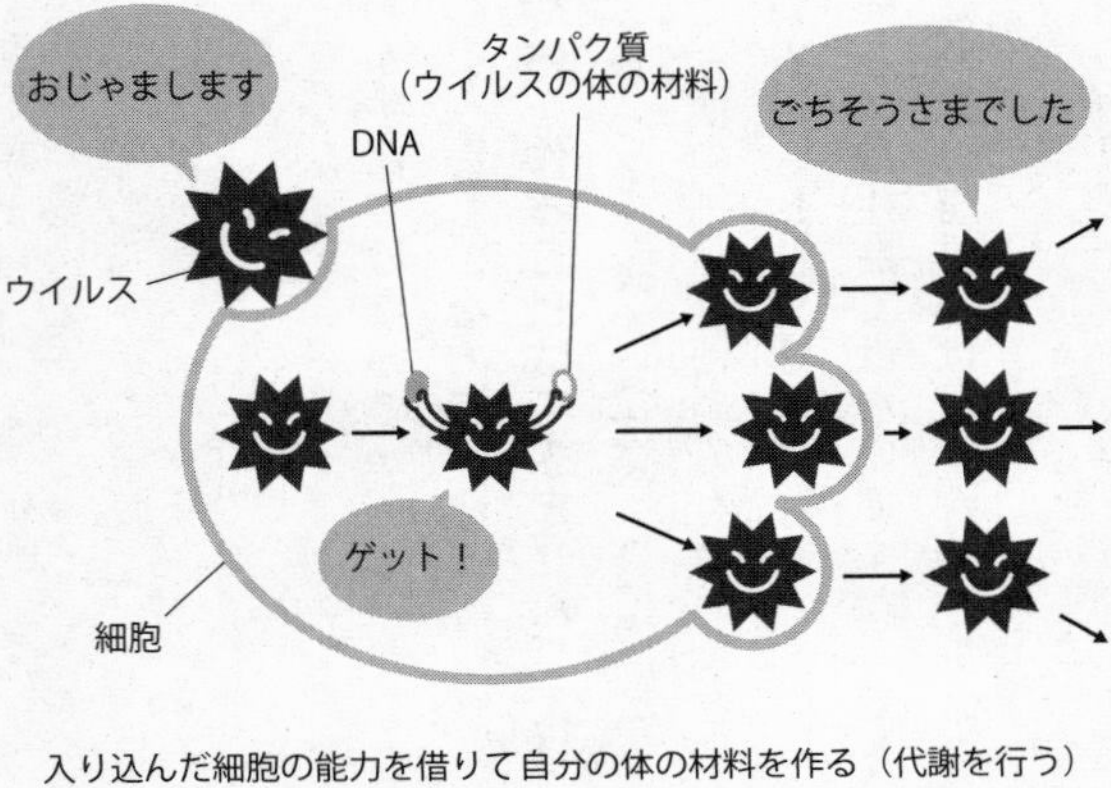

入り込んだ細胞の能力を借りて自分の体の材料を作る（代謝を行う）

田口　逆にバクテリアの中には、他の細胞に寄生しないと生きていけない種類もあります。マイコプラズマはご存じですか。

池上　肺炎の原因の一つである病原体ですよね。

田口　そうです。マイコプラズマは、大きさがたった０・０００３ミリメートルほどで、遺伝子が５００種類くらいしかないバクテリアです。ヒトの細胞は大きさが約０・１ミリメートルで、遺伝子は約２万５０００種類ですから、マイコプラズマは本当に極小な生命です。その遺伝子には必要最小限の代謝に関わるものしかなく、入り込んだ先の細胞から必要な材料を集めて生きています。

池上　ウイルスのようなバクテリアもいる、ということですか。どっちがどっちなのか、わからなくなってきましたね。

田口　ウイルスと生命の違いが今まで以上にあいまいになっているのは確かです。そのため、細胞や生命の定義を見直そうとする動きが、専門家の間にもあります。

池上　それはどういうことですか。

田口　たとえば、細胞を本当に理解するためには、一から人工的に細胞を創るのが手っ取り早いのですが、細胞というゴールをはっきりさせる必要があります。人工的な細胞作製は完全に成功していませんが、何をもって成功とするかを判断するためにも、細胞の定義をしっかりと決めておかないといけません。

池上　文系の人間からすると、専門家が「生命とは何か」という定義を今さら見直そうとしていることにびっくりしますけどね。

田口　そうかもしれませんね。でも、それもまたこの分野の面白いところでもあります。

池上　日々どんどん研究が進むことによって、**従来の境界線が実はあいまいだったことがわかってきたと**。今までは知見が少なかったから、生命はこんなものだろうと決めていたけれども、どうも違うかもしれない、ということですね。

田口　それでも、とりあえずこうだろうと決めたこと自体、学問にとっては大きな進展でした。漠然としていた生命というものを、分子のレベルから説明できるようになってきましたから。むしろ、そうやって生命がわかってきたからこそ、境界線がはっきりしてきました。

池上　考えてみれば物理学や天文学でも、新しいことがどんどんわかってきたことで定義を変えることは、いくらでもありますからね（＊）。

田口　宇宙にはいまだに正体のはっきりしない暗黒物質（ダークマター）や暗黒エネルギーがあって、私たちが知っている物質は宇宙全体の数パーセントに過ぎないといわれていますが、生命科学も同じかもしれませんね。細胞や生命は、実はわからないことだらけ。でもだからこそ、研究のしがいがあるというものです。

（＊）天文学で定義を見直した有名な例に「惑星」がある。２００６年に惑星が明確に定義されたことにより、それまで惑星と見なされていた冥王星は「準惑星」に分類された。

01-06 最初の生物はどんなものだったのですか

池上　生命や細胞の詳しい話をする前に、どうしても聞いておきたいことがあります。地球で最初に生まれた生命は、どんなものだったのでしょうか。

田口　生命の起源についてですね。

池上　最初は単細胞生物から始まった、と考えていいのでしょうか。

田口　そうとしか考えられませんね。**最初は海の中で、1個の細胞だけで活動できる単細胞生物から始まったと考えられます。**

池上　複数の細胞が集まった多細胞生物がいきなり生まれるはずがないだろう、ということですね。

田口　もちろん想像だけではなく、実際に30億年ほど前の地層から単細胞生物の痕跡が見つかっています。今の地球は多細胞生物であふれているように見えますが、地球の歴史の中では大腸菌のような単細胞生物だけだった時間のほうがずっと長いのです(下の図)。

池上　最初の単細胞生物はどうやって誕生したのでしょうか。宇宙から降ってきた隕石《いんせき》に生命の材料がくっついていたという説もあるようですが。

田口　確かに、材料は海の中で作られただけでなく、宇宙から運ばれてきたものもあるかもしれません。でも、材料だけでは生命とは呼べません。どうやって細胞膜やDNAができたのか、そして細胞という袋ができたのか。材料と材料が集まってできた完成品、すなわち「生命」との間には、まだ大きなギャップがあります。

生命の歴史

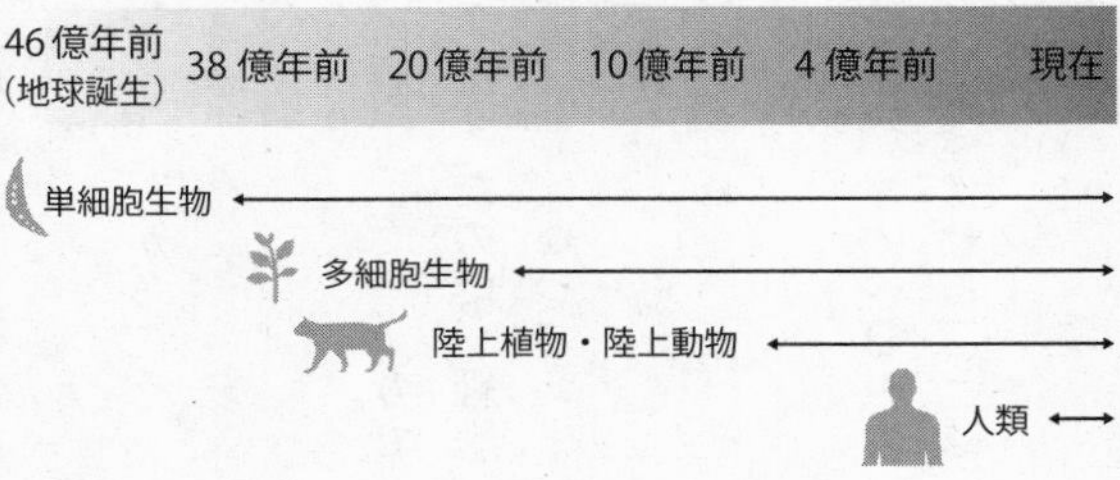

池上　そういう意味では「なぜ生命が生まれたのか」という究極的な問いへの答えは、まだ出ていないのですか。

田口　まだというか、全然出ていないと言ってもいいと思います。だからこそ、いろんな説が提唱されているわけです。

池上　つまり、**まだ材料探しの段階であると**。

田口　それくらい、生命の起源を探ることは本当に難しいのです。その一方で「細胞がどのようなものか」ということはかなりわかってきたので、細胞を「創ることができるのではないか」という動きが最近活発になっています（＊）。

池上　細胞はこういうものだから、それを創ることができるかもしれないと。そういう取り組みが行われているのですか。

田口　比較的新しい生命科学の分野で「合成生物学」と呼ばれています。**DNAを全部化学合成で作って、それを細胞の中に入れて自己増殖させることは可能になっています**。

池上　それは生命を創ったと言えるのですか。

田口　ＤＮＡは人工的に作ったものですが、細胞という入れ物は自然界のものを借用しているので、一から生命を創ったとはまだ言えませんね。本当に生命を創ったと言うためには、人工的に細胞膜を作り、それが自然に分裂して増えて、袋の中では代謝のしくみがある、ということを示さなければいけません。でも、その段階にはまだ至っていません。

池上　それほど「なぜ生命が生まれたのか」を解明することは難しいのですか。

田口　難しいというか、証明しようがないというのが正直なところです。数十億年前に最初に1個の細胞ができたとして、そこから多細胞生物になるという歴史を、私たちにはたどることができませんから、想像しかできないのです。だからこそ、一から細胞を創って再現してみたい、という研究テーマになるのです。

池上　追試験をしてみたいと。

田口　そうです。今の形の生命をもう一度創り上げるというのは、これからの生命科学のひとつの分野になるでしょうね。

（＊）本書では、ＤＮＡなど生命を構成する材料については「作る」、細胞や生命については「創る」と表現している。

01-07 多細胞生物が生まれたのはなぜですか

池上　どうやって地球上に生命が生まれたのか、その瞬間はわからないところがまだ多くあるけれども、最初の生命は単細胞生物だったことはわかっていると。でも、最初の生命はどうやって細胞分裂という増殖能力を獲得したのでしょうか。

岩﨑　その質問も、やはりわからないと答えるしかないですね。

池上　生命誕生と同じことですか。

田口　もしかしたら、最初は増えずに1個の袋の状態が長く続いたのかもしれません。想像でしかありませんが。

池上　でも、1個しかなかったら、すぐに死んでしまいますよね。

田口　1個の袋でも、中のものをずっと作り替えていけば、1個の袋でずっと生きていくことは可能だと思います。もしかしたら、私たちがそういう生物を見つけていないだけで、今の地球でもそういう生物がいるのかもしれません。

池上　深海でも新しい微生物が発見されていますからね。

田口　今までの生物学は、普段目にするような生物で研究してきた歴史があります。でも最近は、深海や低温・高温環境など、極限環境と呼ばれる場所で生きている生命も多く発見されており、研究が進められています。仮に数百年に一度しか細胞分裂しなくても、それは生命と呼んでいいはずです。想像しにくいのですが、生命や細胞の定義を考えればあり得ない話ではありません。

池上　そして単細胞生物だけの時代がしばらく続いた後で、ようやく多細胞生物が誕生したのですね。なぜ複数の細胞をもつようになったのでしょうか。

田口　そのほうが生存に有利だったのでしょう。1個の細胞だけで機能を完結させるには限界があります。**複数の細胞が集まって役割分担をすれば、複雑な機能をもてるようになり、いろいろな環境に対応しやすかった**のだと思います。

池上　たまたま細胞が集まったもののほうが、単細胞生物よりも生き延びやすかったということですか。

田口　ただ、今でも単細胞生物と多細胞生物の両方が地球に生きています。どちらも残っているということは、生存上はどちらでもいいということでしょうね。

01-08 オスとメスがいるのはなぜですか

池上　多細胞生物が生まれたあと、さらにオスとメスが登場します。自分と同じものを作り続けるほうが楽なのに、オスとメスという複雑なしくみができたのはなぜでしょうか。

田口　**多様性を作るためです。**

池上　やはり多様性のあるほうが、結果的に生き延びやすいのでしょうか。

田口　個体レベル、たとえばヒトなら一人ひとりで生き延びやすいというよりも、ヒトという生物種全体として生き延びる確率が増えるということです。環境の激変など、何かあったときのためにいろいろなものを準備しておけば、その中のどれかが環境に適応して生き残るだろうということです。そのためには多様性が大事なのです。さらなる多様性を作るために、オスとメスができたのだと思います。

池上　さらなる多様性というのは、どういうことでしょうか。

岩崎　**同じ生物種でも一個体一個体がもっている遺伝子は少しずつ違うから、オスとメスを作って遺伝子を混ぜることで、違う組み合わせの遺伝子をもつ生命ができるというわけです**（52、53ページの図）。

池上　自分一個体だけのものを増やし続けているうちは、遺伝子の組み合わせはなかなか新しくならないのでしょうね。

田口　生命の歴史の中で、最初の数十億年は単細胞生物として、オスとメスがないまま増えていました。その間は、今から考えると信じがたいほど単純な生命しかいませんでした。どこかで遺伝子の多様性を作るしくみができたときに生命の種類が爆発的に増えて、いろいろな形態の生命が誕生しました。多様性を作るしくみの一つがオスとメスであり、やがて動物や植物などが登場したのでしょう。

池上　オスとメスに分かれて多様性を増やしていくという戦略は、生命全体の生存には有効である一方で、私たち人間は一人ひとり恋愛などで悩み、人生

子どもの染色体の組み合わせは何通り？

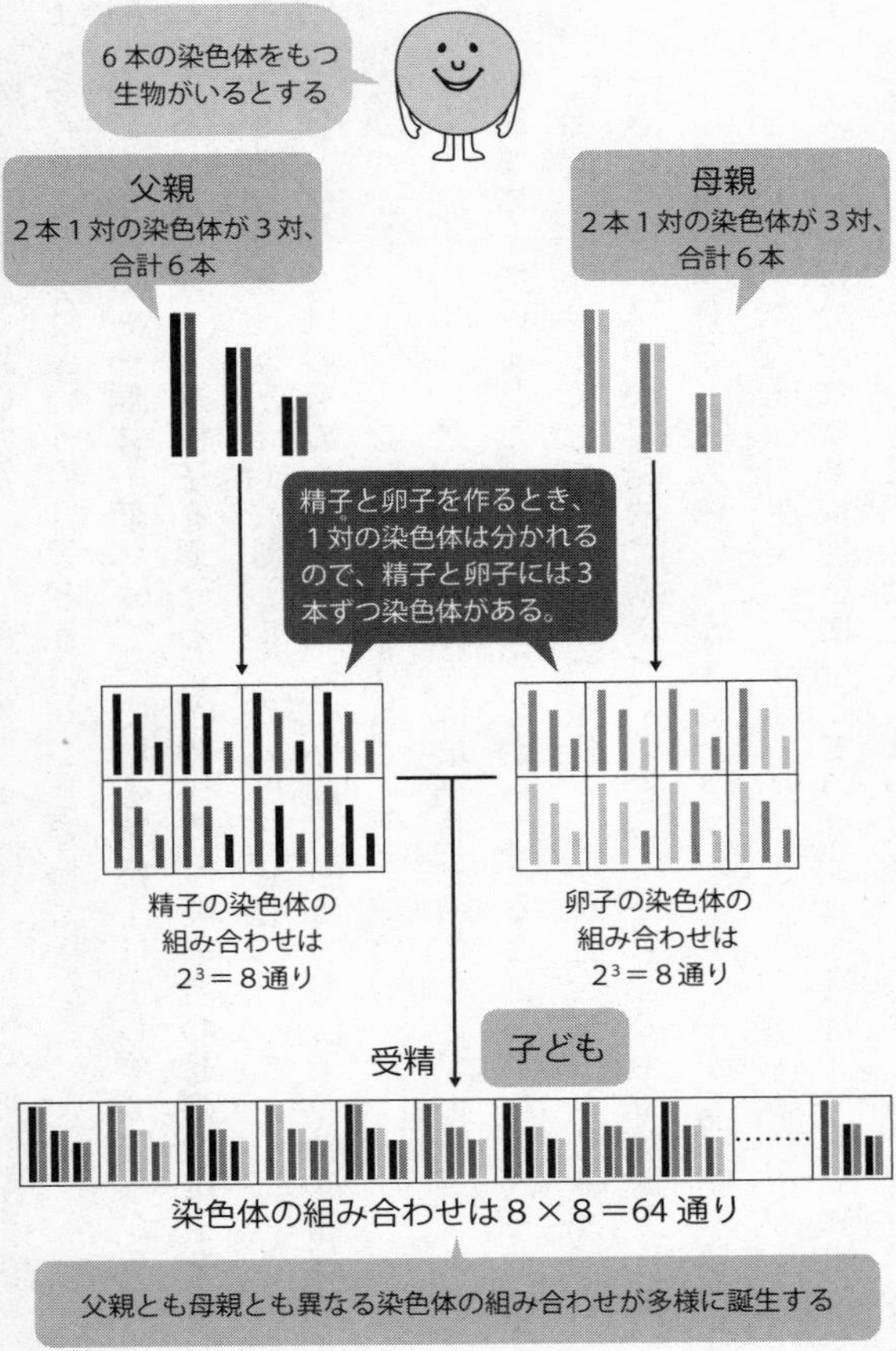
6本の染色体をもつ
生物がいるとする
父親
2本1対の染色体が3対、
合計6本
母親
2本1対の染色体が3対、
合計6本
精子と卵子を作るとき、
1対の染色体は分かれる
ので、精子と卵子には3
本ずつ染色体がある。
精子の染色体の
組み合わせは
2^3＝8通り
卵子の染色体の
組み合わせは
2^3＝8通り
受精
子ども
染色体の組み合わせは8×8＝64通り
父親とも母親とも異なる染色体の組み合わせが多様に誕生する

ヒトの子どもの染色体の組み合わせは約70兆通り

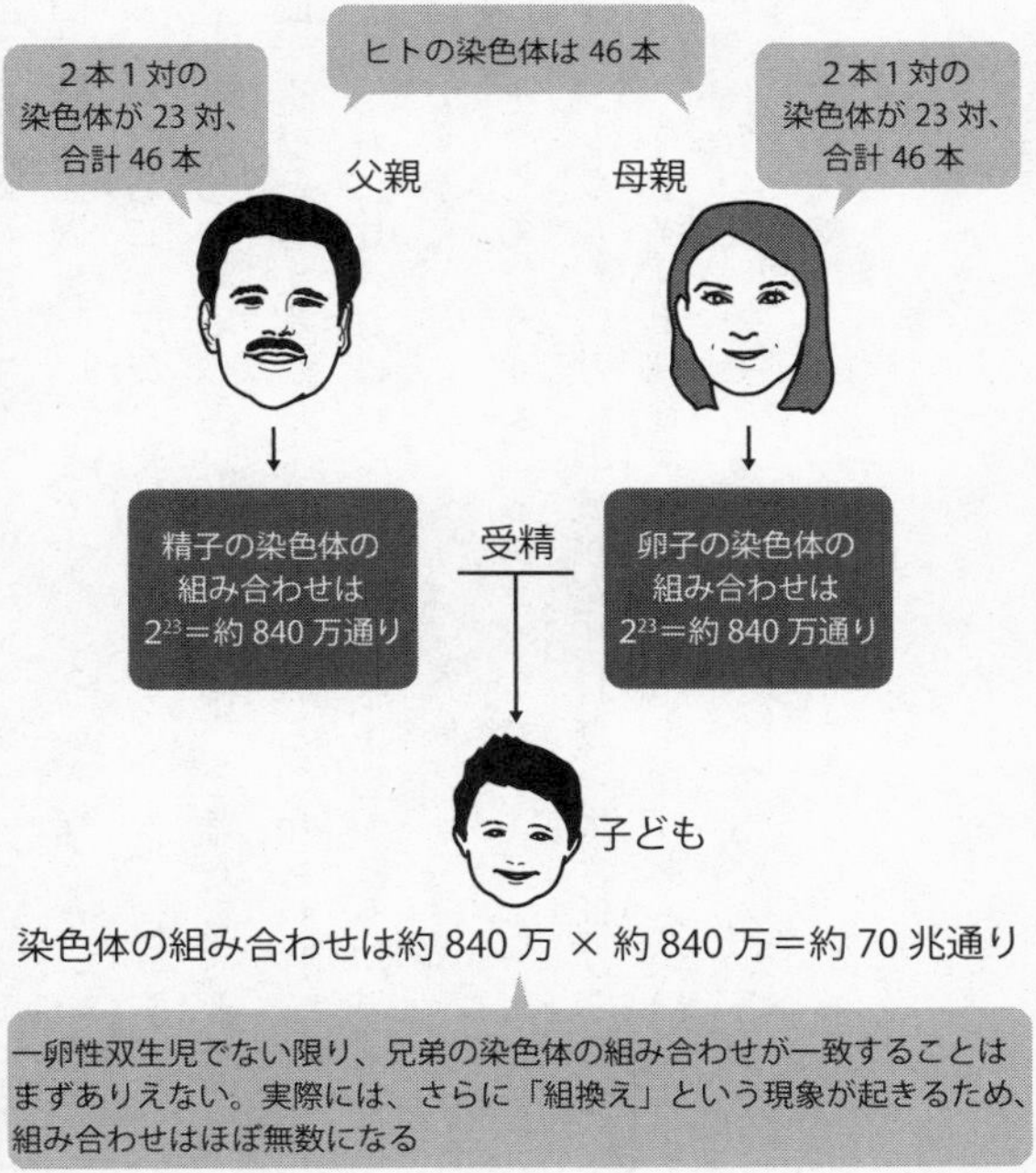
ヒトの染色体は46本
2本1対の
染色体が23対、
合計46本
父親
母親
2本1対の
染色体が23対、
合計46本
精子の染色体の
組み合わせは
2^23＝約840万通り
受精
卵子の染色体の
組み合わせは
2^23＝約840万通り
子ども
染色体の組み合わせは約840万×約840万＝約70兆通り
一卵性双生児でない限り、兄弟の染色体の組み合わせが一致することは
まずありえない。実際には、さらに「組換え」という現象が起きるため、
組み合わせはほぼ無数になる

※染色体については64ページ「01-11　DNA、遺伝子、ゲノム、染色体はそれぞれどう違うのですか」を参照

が複雑になってしまうわけですね。

田口　確かに悩ましいことです。そういう宿命といいますか、生命のしくみに縛られることになりましたね。

池上　宿命と考えるべきか、むしろ喜びと考えるべきか。

田口　喜びと考えるから生き残っているのかもしれませんね。

池上　それに比べれば、やはり単細胞生物のほうが単純です。分裂すれば終わりですから。

田口　そちらのほうがよほどシンプルです。

池上　シンプルだけど、環境が変化したら生き延びられないんですよね。

田口　そうです。単細胞生物と多細胞生物、あるいはオスとメスのしくみは、どれも一長一短であるがゆえに、今でもいろいろなしくみの生物が生き残っているのでしょう。

01-09 植物と動物は何が違うのですか

池上　生物が進化するにつれて、大きく分けて植物と動物が出てきました。地球の歴史では、植物が最初に陸に上がり、二酸化炭素から酸素を作ることで動物が陸に上がるための環境が作られたと聞いたことがあります。

田口　そうですね。**植物の定義に「光合成を行う」**ことが挙げられます。**光を使って、二酸化炭素から炭水化物や酸素を作ることができる**、ということです。

池上　植物はどうやって生まれたのですか。言い換えれば、生命はどうやって光合成の能力を手に入れたのでしょうか。

田口　光合成の能力は、最初はバクテリアがもっていました。光合成細菌と呼ばれているバクテリアで、今でも海中にいます。

池上　光合成細菌と植物と、どう関係するのですか。

田口　光合成細菌が、別の細胞の中に入り込んだのです。

池上　そんなことが起こりうるのですか。

田口　バクテリアが別のバクテリアに入り込んでその後ずっと一緒にいるという、生命の歴史上での大変化は2回起きています。1回目が**ミトコンドリア**、2回目は**葉緑体**となったものです。

池上　まず、ミトコンドリアとは一体何でしょうか。

田口　ミトコンドリアというのは、エネルギーを作るために特化した細胞内の部屋です。酸素を使ってエネルギーを作る

ミトコンドリアは元は別のバクテリアだった

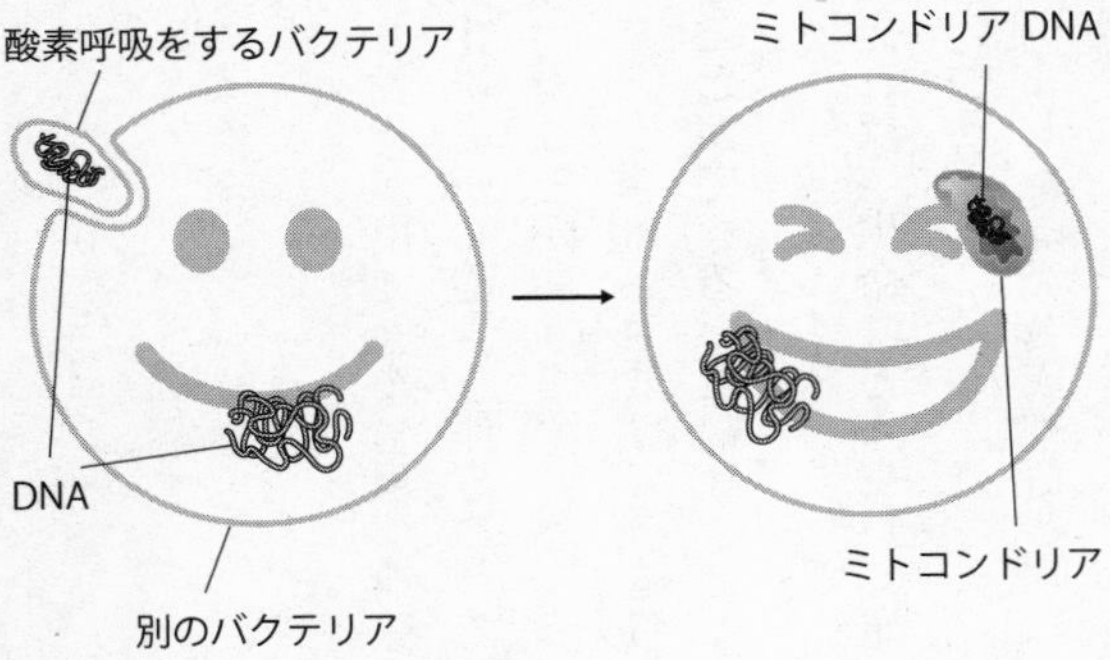

ことができるバクテリアが、別のバクテリアに入り込んで、ミトコンドリアとなりました（右ページの図）。ミトコンドリアを獲得したバクテリアは大量のエネルギーを作り出せるようになり、**生命の行動範囲や活動が一気に広がった**のです。

池上　その後でさらに光合成細菌が入り込んだのですか。

田口　そうです。ミトコンドリアに続いて、さらに光合成細菌も細胞に入り込む出来事が起こりました。こうして生まれたのが植物で、光合成細菌は葉緑体になりました（下の図）。ミトコンドリアも葉緑体も、もとは別の生物です。

葉緑体も元は別の生物だった

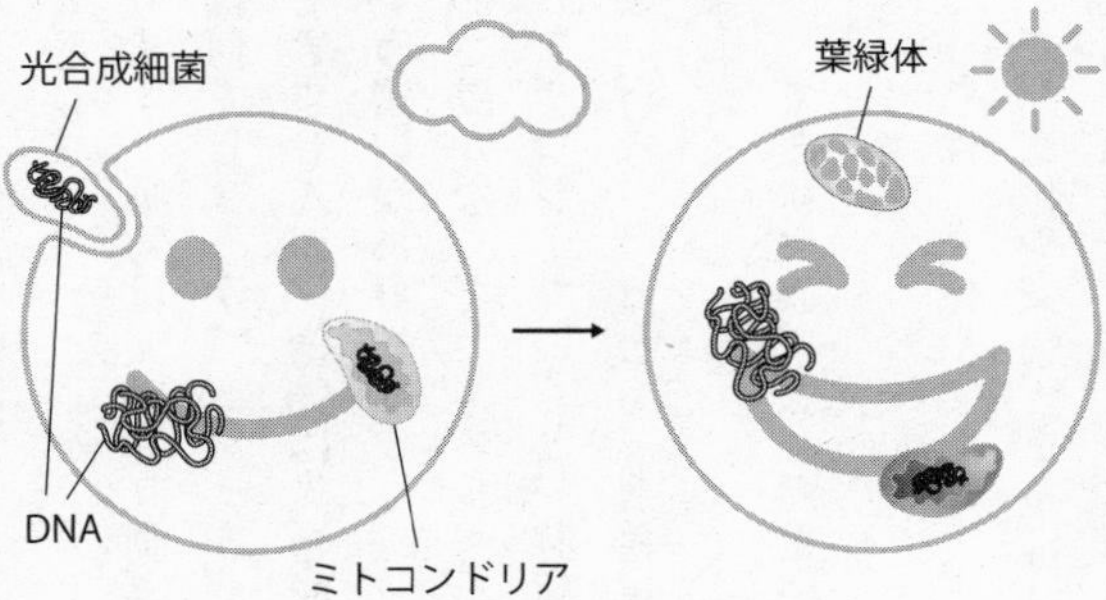

ミトコンドリアや葉緑体のように、別の細胞に入り込んで棲《す》みつくことがお互いの利益になる現象を**「細胞内共生」**と呼びます。

池上　なるほど。植物についてもう一つ質問があります。動物は文字通り動き回るのに、植物は動きませんよね。その違いは何でしょうか。

田口　**動物はエサを食べないとエネルギーを獲得できませんが、植物は光合成を行うことでエネルギーを自ら作り出せるという違いがあります。**

池上　植物は水と光と二酸化炭素があれば、わざわざ動かなくてもエネルギーを獲得できるから、ということですね。人間のアナロジーでいくと、狩猟民族はひたすらエサを求めて移動し続けないといけないけれども、農耕民族になれば定住できる、というようなことですね。

田口　そうですね。ただ人間は、狩猟民族から始まって農耕民族になったという順番の違いがありますけれど。

池上　あと、狩猟でひたすら獲物を追いかけているうちは、文化や文明は生まれませんね。農耕をしてその地に定住することで、文化や文明、さらには富が蓄積されていきます。黄河や長江など、文明が発展してきたのは基本的に川沿いですから。

田口　確かに、エネルギーを効率的に作り、かつ蓄積できるというのは大事なところかもしれませんね。植物も人類の歴史も。

01-10 細胞膜にはどんな特徴があるのですか

池上　生命の歴史について教えていただいたあとは、いよいよ細胞そのものに迫っていきます。細胞には三つの定義があるとのことでした。つまり、細胞膜という「境界」があり、「自己増殖」するために外部から必要な物質を取り込んで「代謝」を行うものであると。でも、細胞膜という膜があるのに、どうやって物質を取り込むのですか。

田口　その質問に答える前に、細胞膜の特徴から説明します。**細胞膜は脂質という、油のようなものが集まってできています**。水と油は混ざらないので、水に溶ける分子は、脂質からなる細胞膜を通過できません。だからこそ、内と外を分ける境界ができています。

池上　言われてみれば、確かにそうですね。

田口　ただ、細胞を完全に閉じ込めてしまうと、物質を取り込むことができません。そこで細胞膜には、巧妙な穴が作られています。たとえば、**普通の物質は通さないけれども、ブドウ糖だけは中に入れるような穴があります。**中に入れるだけでなく、細胞内の物質を外に出す穴もあります。穴を作ることで、外とのやり取りが可能になっています（下の図）。

池上　たとえば、人間が密室の中で過ごそうとしているけれども、完全な密室では酸素が入ってこないから通気口を作る。でも、有害な微粒子が入ってくるのは避けたい。新鮮な空気だけを取り込むための特殊な通気口、いわばフィルターのようなものを作った、

細胞膜には特定の物質だけを通すフィルターがある

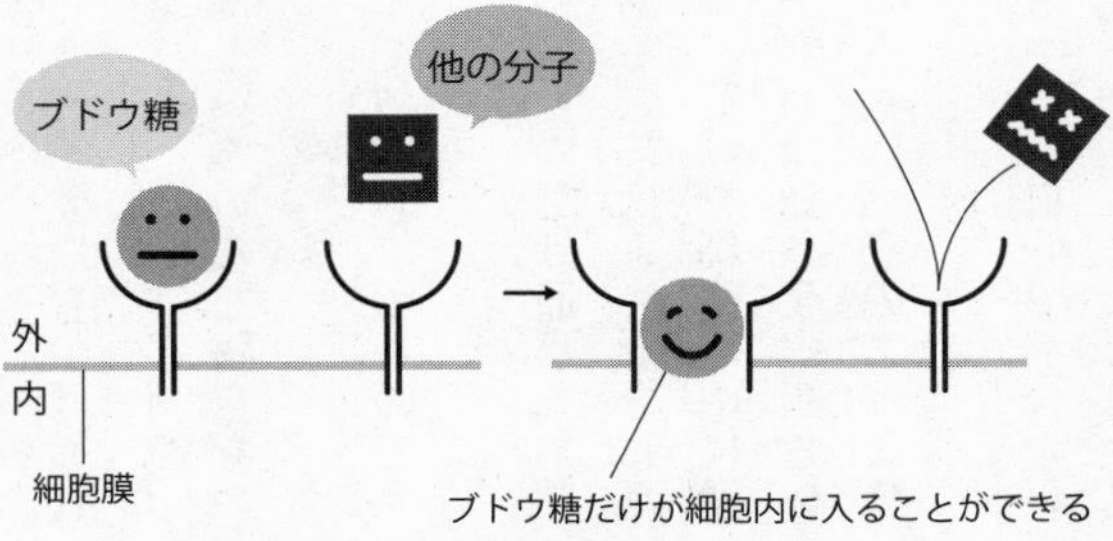

というところですか。

田口　そのフィルターが、必要なものだけ通れるようにして、不要なものは通れないようにしています。フィルターには何種類もあって、フィルターによって通れるものが違います。そうすることで、外部といろいろな物質をやり取りできているのです。

池上　でも、どれを通してどれを通さないのか、どうやって判断しているのですか。

田口　穴にはいろいろな形があり、その形にぴったりはまるものだけ通します。たとえば、こんなふうに考えたらどうでしょう。ある穴には丸い形をした受け皿があり、丸い形のものがぴったりはまったら、それを細胞の中に通します。別の穴は四角の受け皿があって、丸い形のものは通さず、四角いものだけを通します。生命が長い時間をかけているうちに、そのような装置ができたのです。

池上　細胞膜という脂質の外側にはいろいろな物質がある中で、自分の都合のいい物質だけを取り込める穴を作ったと。そういう穴をうまく作れた生命だけが生き残ってきたということですか。

田口　そうです。もちろん、生命がそんな意志をもっていたとは考えにくいです。いろいろ試しながら、いいものだけが生き残ってきたのです。

01-11 DNA、遺伝子、ゲノム、染色体は それぞれどう違うのですか

池上　今度は細胞の中身について伺います。細胞の中にあるものとしてまず思い浮かべるものは、やはり「DNA」や「遺伝子」です。しかし、そもそもDNAと遺伝子はイコールと考えていいのでしょうか。

田口　DNAと遺伝子はイコールではありません。見方が違います。

池上　どういうことでしょうか。

岩﨑　**遺伝子というのは、そもそもは概念だった**のです。遺伝情報、つまり親から子へ受け継がれる**「情報」**という考え方です（左ページの図）。

池上　そういうものがあるに違いないと、当初は考えられていたのですね。

岩﨑　遺伝子が具体的にどういう物質なのかがわかったのは1950年ごろです。このころになって初めて、**遺伝子を担う物質がDNA、正式名称「デオキ**

遺伝子の概念図

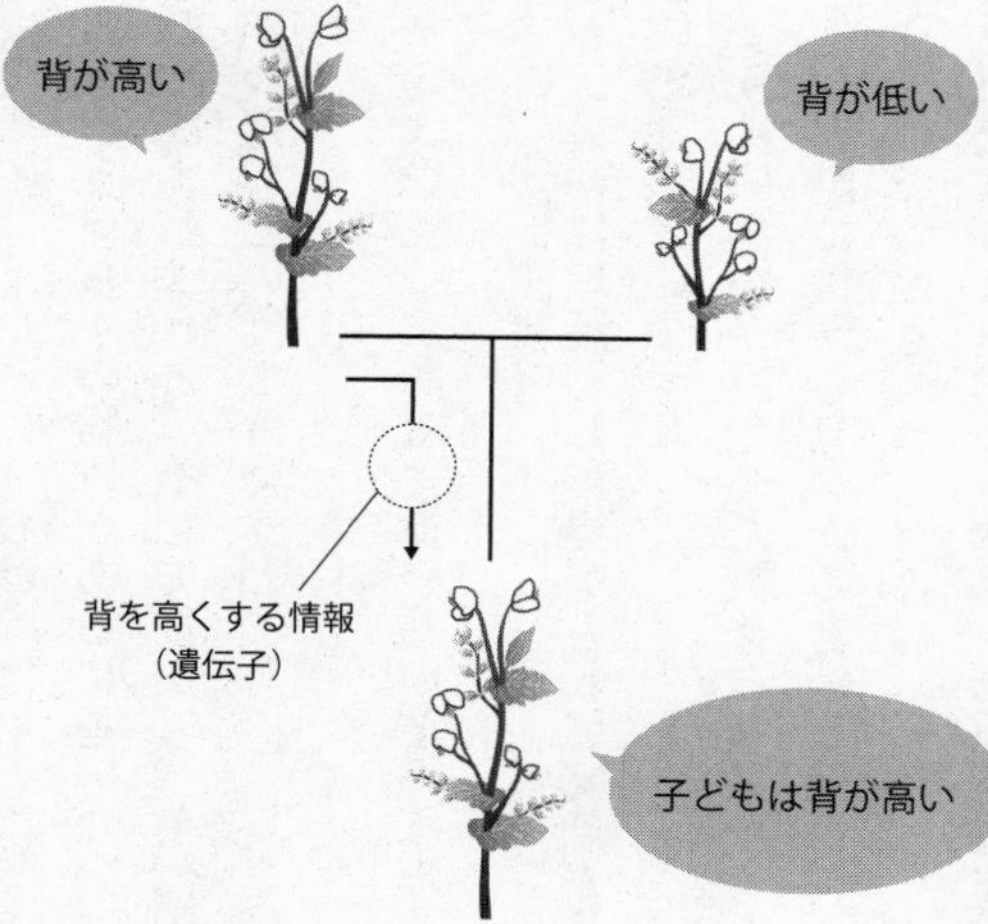

シリボ核酸：deoxyribonucleic acid」であるとわかりました。そのため、遺伝子とDNAは全くイコールというわけではないのです。

池上　つまり、遺伝情報を担う何らかの物質があるに違いないから、それをとりあえずは遺伝子と呼びましょうと。そして後から、遺伝子を担う物質はDNAであるとわかった、ということですね。

岩﨑　そのとおりです。

池上　物理学でも、たとえば素粒子《そりゅうし》があるに違いないという理論から始まることがありますね。

田口　遺伝子も素粒子も、最初に理論として提唱されて実態が後からわかった、という経緯においては似ていますね。

池上　ヒッグス粒子のように、宇宙が誕生した直後に質量をもたらすものがあるに違いないと考え、実際に後から見つかるという流れによく似ています。

田口　学問とはそういうものなのかもしれませんね。

池上　遺伝子やDNAと似たような言葉に「ゲノム」がありますが、ゲノムとは何でしょうか。

田口　ゲノムは、遺伝情報の総体のことです。

池上　遺伝子を全部ひっくるめてゲノムと呼んでいる、ということですか。

田口　そうです。ゲノム（genome）という言葉はgeneとomeをつなげたものです。geneとは、遺伝子を英語にした単語です。omeとは「すべて、ひとまとめ」という意味をもつ接尾語です。つまりゲノムとは、その生物に必要な遺伝子すべてのことです（＊）。

池上　さらに似たような言葉に「染色

遺伝子、DNA、ゲノム、染色体の違い

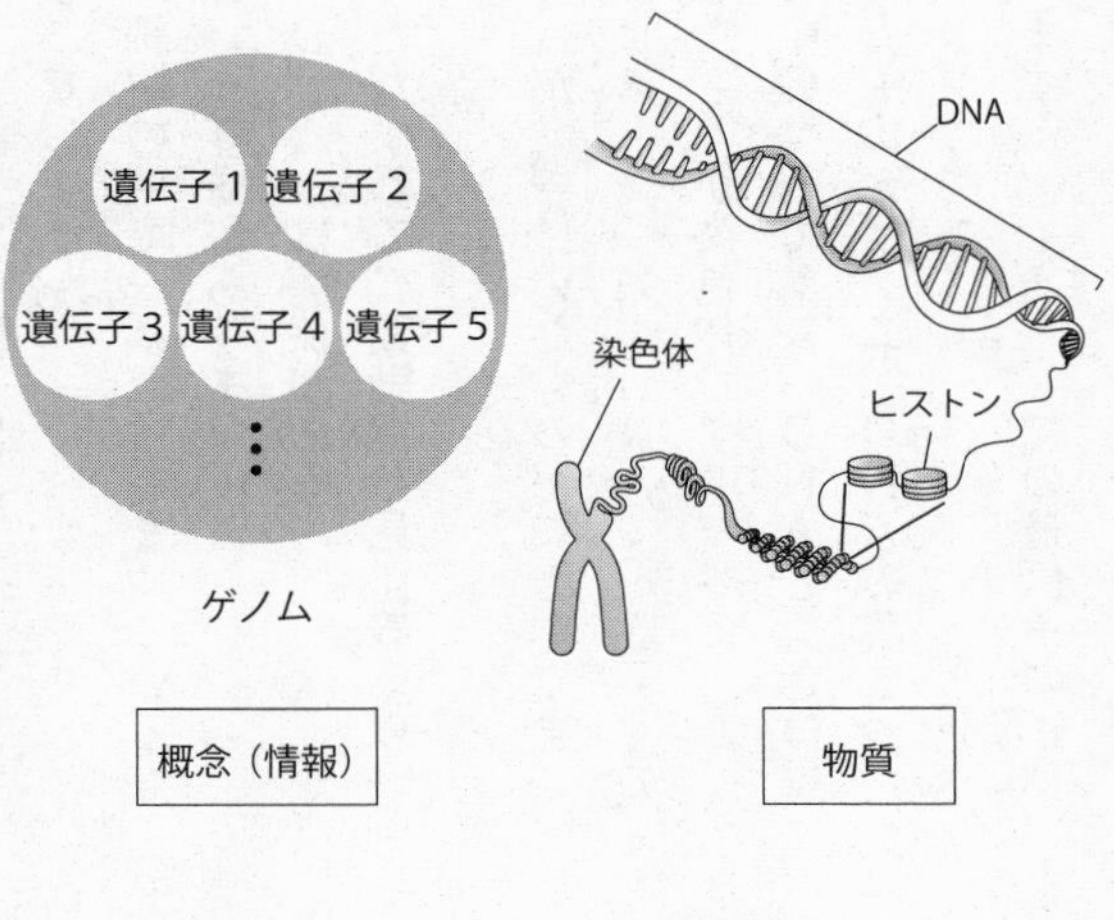

体」があります。〝染めた色の体〟と書きますが、これは染めやすかった、違いがわかりやすかったということなのでしょうか。

岩﨑　細胞を染色して顕微鏡で観察したら、細胞の中で一部だけ染まっているものがあった。それを染色体と呼んだという経緯があります。

池上　ということは、何らかの物質ですね。ＤＮＡとは関係があるのでしょうか。

田口　**染色体は、ＤＮＡがコンパクトに折りたたまれて、顕微鏡で見えるくらいの大きさになったものです。**

岩﨑　正確には、ヒストンという分子にＤＮＡが巻き付いたものが染色体です。糸巻きにたとえるとしたら、糸巻きがヒストン、糸がＤＮＡで、数多くの糸巻きと糸をまとめてコンパクトにしたものが染色体です。

池上　まとめると、**遺伝子やゲノムは生命の中の情報**であり、**ＤＮＡと染色体は物質**である。さらに、**遺伝子をまとめたものがゲノム**、**ＤＮＡの集まったものが染色体**ということですね（前ページの図）。

岩﨑　よく「遺伝子の本体はＤＮＡ」と言いますが、モノとしての遺伝子の正体がＤＮＡ、ということです。

（＊）ゲノムという言葉は、次の「01・12　DNAはなぜ二重らせん構造をしているのですか」で紹介される塩基の並びすべてを指すこともある。たとえばヒトゲノムとは、ヒトがもつ約30億塩基対の全塩基配列のことを指す。

01-12

DNAはなぜ二重らせん構造をしているのですか

池上　DNAという物質を図で見ると「**塩基**」があります（左の図）。しかも、**全部で4種類**。〝塩の基本〟と書く塩基とは何でしょうか。

岩﨑　塩基というのは、**一般的にアルカリ性の性質をもつ物質のことです**。酸性、アルカリ性、といいますよね。酸性はpHが低い物質、アルカリ性はpHが高い物質のことです。

池上　DNAはアルカリ性の物質なのですか。

岩﨑　DNAの正式名称であるデオキシリボ核酸には「酸」という文字が含まれているとおり、DNAが溶けた水は酸性ですが、塩基という部分だけがアルカリ性の性質をもっています。

池上　DNAは二重らせんの形をしていますよね（72ページの図）。なぜ、二重

DNA はリン酸、糖、４種類の塩基から構成されている

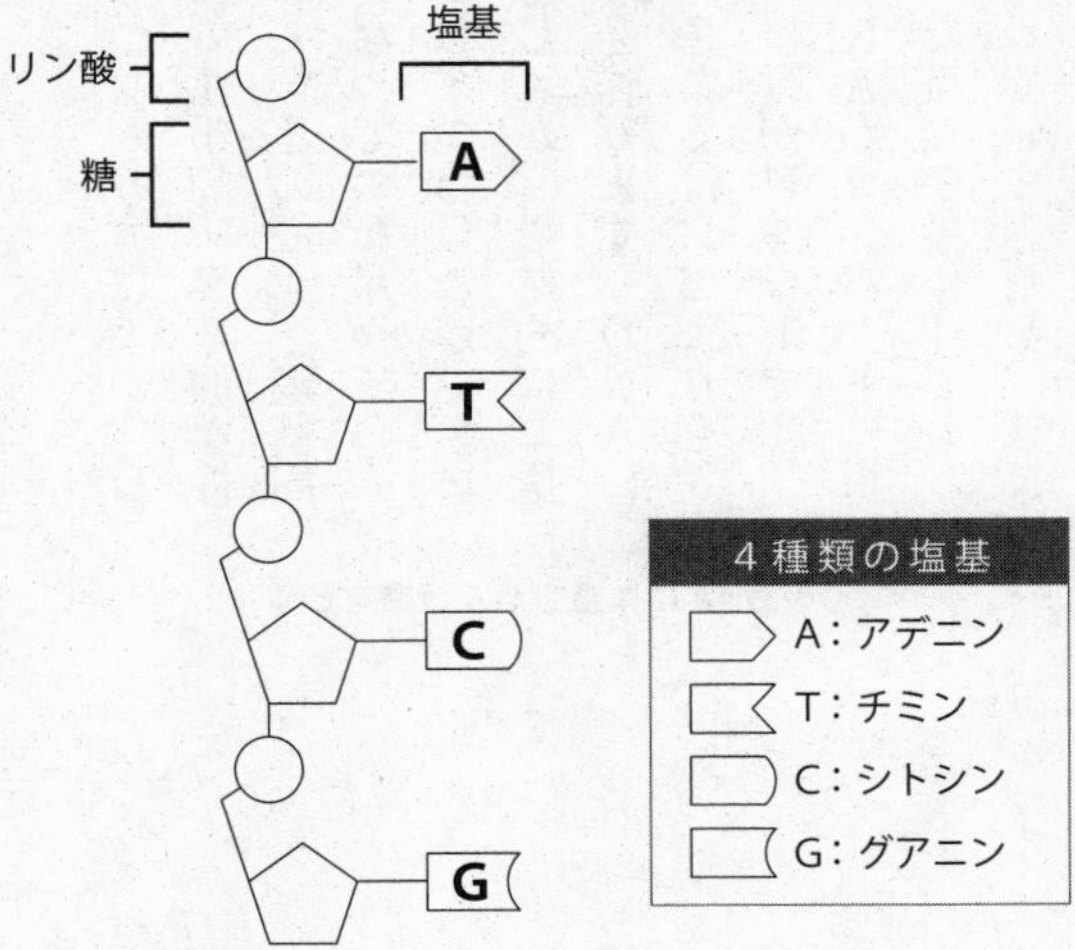

DNA で使われている糖は、デオキシリボースという名前。
DNA がデオキシリボ核酸と呼ばれる理由である

らせん構造をしているのでしょうか。

田口　原子同士のつながり方による、DNAとしての化学的・構造的な性質が影響しているのです。**塩基同士がペアとなってつながっていくうちに、少しずつねじれができます。そのねじれが、最終的に二重らせんの形を作ります。**DNAにとっては、単なるはしごよりも二重らせんのほうが自然な形です。

池上　先ほど、DNAがコンパクトに折りたたまれたものが染色体であるとおっしゃっていましたが、DNAの二重らせん構造と染色体は別

DNA は二重らせん構造をとる

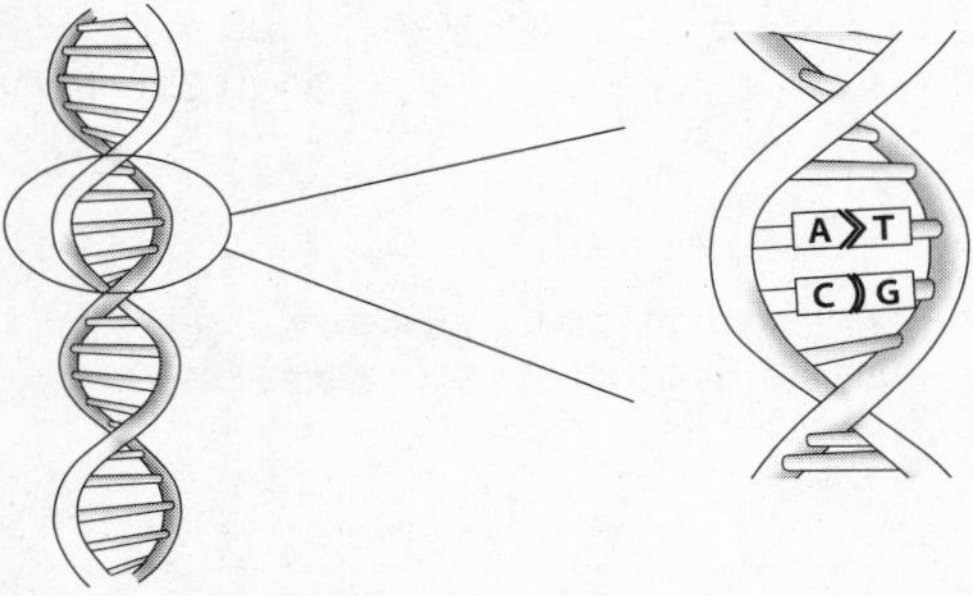

二重らせん構造のうち内側の塩基は
AとT、CとGが「塩基対」となってペアになる

田口　のレベルの話ですか。

岩﨑　DNAは二重らせんという形で落ち着きます。さらに二重らせんそのものが折りたたまれて、コンパクトになって核内で格納されています。それが顕微鏡で見えるくらいの大きさになったものが染色体です（67ページ右図を参照）。

DNAの中でも塩基、正確には4種類の塩基の並び方は遺伝を語る上で欠かせないものです。どうしてかは第2章で詳しくお話しします。

01-13

生命がＤＮＡを使うメリットは何ですか

池上　遺伝子という生命の情報を担うＤＮＡですが、生命はなぜＤＮＡをもっているのでしょうか。つまり、地球上にはいろいろな物質がある中で、ＤＮＡを使うメリットは何でしょうか。

岩﨑　裏表の関係があるからです。ＤＮＡは塩基がペアになる性質があります。二重らせんが２本に分かれたとき、２本とも鋳型《いがた》になることができるので、**複製に有利**だという特徴があります（左ページの図）。

田口　生命や細胞が増えていくときには、遺伝子という情報を複製して、新しくできる生命や細胞に受け渡す必要があります。同じものを簡単に作ることができるというＤＮＡの性質は、生命にとって都合がよかったのだと思います。

DNA は片方を鋳型にして複製する

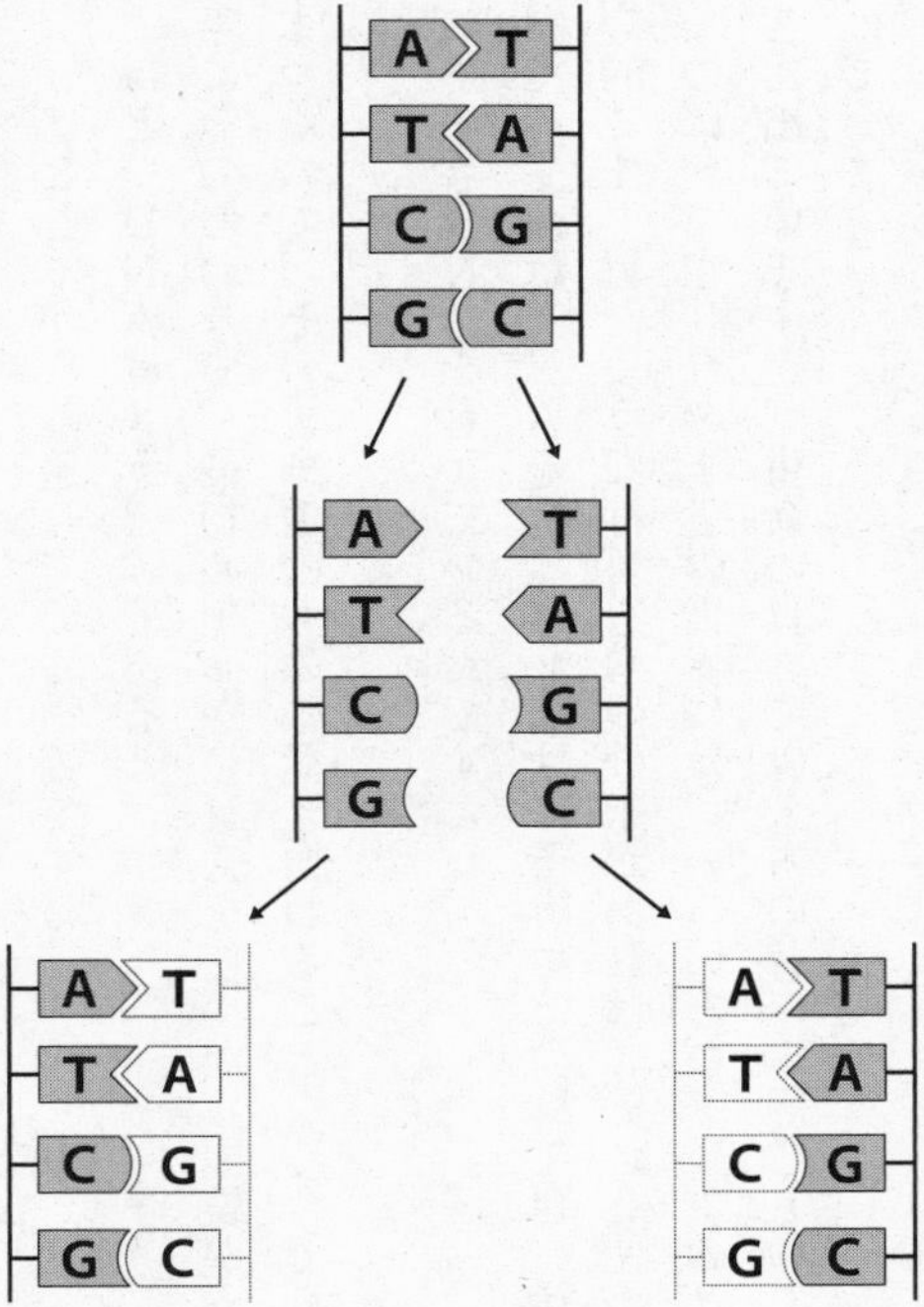

二重らせんがほどけてAとT、CとGがペアになる性質を利用すると
それぞれ片方を鋳型にして同じものを作ることができる

池上　遺伝子という情報を担う物質として、DNAは適していたということですね。まさに情報を運ぶメディアだったということですか。

田口　メディアとしてかなり適している物質ですね。

池上　なるほど、**DNAはメディアであると**。

田口　実際にそのとおりで、最初の生命がDNAを使ったら複製がうまくできてしまったので、そのまま他のものに置き換わることなく今でも使われています。

池上　どの生命もDNAをもっているんですよね。

田口　すべての生命はDNAをもっています。そういう意味では、**生命は非常に保守的です**。似たような性質をもつ分子があれば、それを使ってもいいはずなのに、です。今のITの世界には、いろいろなタイプのメディアがどんどん出ていますが、生命の世界では太古の昔から同じものをずっと使い続けています。

池上　今の日本のメディアは、紙に印刷することにこだわっているうちにどんどん衰退していますけどね。

田口　それに比べると、生命は保守的どころか、本質的なところは何一つ変えていないですね。

池上　DNAに置き換わるメディアはあり得ますか。

田口　DNAよりも安定で複製しやすい分子はあると思いますし、そういう研究をしている人もいるでしょう。でも、生命が一度DNAを採用してみたらそこそこよかったから、ずっと使い続けているということなのでしょう。本当にDNAが最適だったのかはわかりませんが。

01-14 遺伝子検査やＤＮＡ鑑定は何を調べているのですか

池上　最近、遺伝子と病気の関係がわかってきて、遺伝子を調べてどのような病気になりやすいかどうかがわかる遺伝子検査をよく耳にします（＊）。遺伝子検査は何を調べているのでしょうか。

田口　**特定の遺伝子にある塩基の並び方によって、特定の病気になりやすかったり、特定の薬が効きやすかったりするのです。**

池上　もう一つ、ＤＮＡ鑑定という言葉も思い出します。たとえば、犯罪現場に残されていた犯人のＤＮＡと、容疑者の候補となる人のＤＮＡが一致するかどうか、です。後に冤罪《えんざい》だとわかった足利事件では、当時のＤＮＡ鑑定は精度が低すぎたにもかかわらず重要な証拠として採用されていたため、批判されました。

田口　当時のＤＮＡ鑑定は単純なことしかやっておらず、別人でも数百人に一人は一致してしまったようですね。

池上　ＤＮＡ鑑定では、何を調べているのですか。

田口　**ＤＮＡの塩基の並び方には、人それぞれにほんの少しだけの違い、つまり個人差があります。**犯罪捜査や親子鑑定のときに使われるＤＮＡ鑑定では、個人差を何カ所か調べることで、同一人物か、または親子かどうかの確率を高めています（下

塩基の繰り返し回数には個人差がある

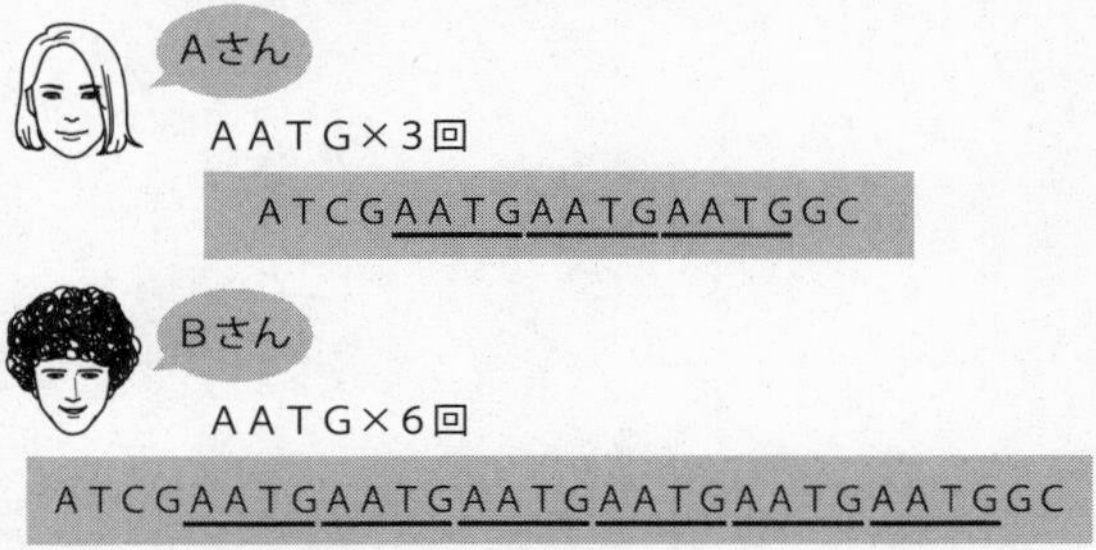

Aさんは「AATG」の繰り返しが3回に対して、Bさんは6回ある。
ヒトのゲノムには、このような繰り返し回数の個人差がいくつもある。
警察庁のDNA鑑定では、4塩基配列の繰り返しがある場所を15カ所調べるので、別の人間で偶然に一致する確率は約4兆7000億分の1になる。

参考：平成20年警察白書特集第3節(2)科学技術の活用

の図)。

(*) 正確には「遺伝子検査」という言葉は、病原体や、がん細胞で変異した遺伝子を調べるときに使われる。自分がどのような病気になりやすいか、どの薬が効きやすいか調べるときには「遺伝学的検査」という言葉が使われる。

01-15 DNA鑑定のときにミトコンドリアを調べるのはなぜですか

池上　DNA鑑定に関係して、もう一つ質問したいことがあります。北朝鮮による拉致《らち》問題で、横田めぐみさんの遺骨とされていたものが別人のものだったとするDNA鑑定では、ミトコンドリアのDNAが使われていました。なぜ、ミトコンドリアのDNAを調べたのでしょうか。

田口　ミトコンドリアは、今は細胞の中にありますが、もともとは別のバクテリアでした（55ページ「01・09　植物と動物は何が違うのですか」を参照）。つまり、**バクテリアが細胞の中に入ってきたものなので、独自のDNAをもっているのです。**核の中にあるDNAとはまた別のものです。ミトコンドリアの元となったバクテリアは原核生物に近いため、真核生物にある染色体という構造は存在しません。

池上　今出てきた原核生物、真核生物とは何ですか。

岩﨑　**単語の中に入っている「核」というのは、染色体が入っている場所のことです**（下の図）。昔の生物学者が、植物や動物の細胞を顕微鏡で見たときに核が見えたので、それが一般的な特徴だと考えたようです。バクテリアは植物や動物の細胞よりも小さいため、顕微鏡で観察できるようになったのはもう少し後の時代になるのですが、バクテリアを顕微鏡で見ると核が見えなかったのです。そこで、**核がないバクテリアのような生物を**

真核細胞の染色体（DNA）は核の中にある

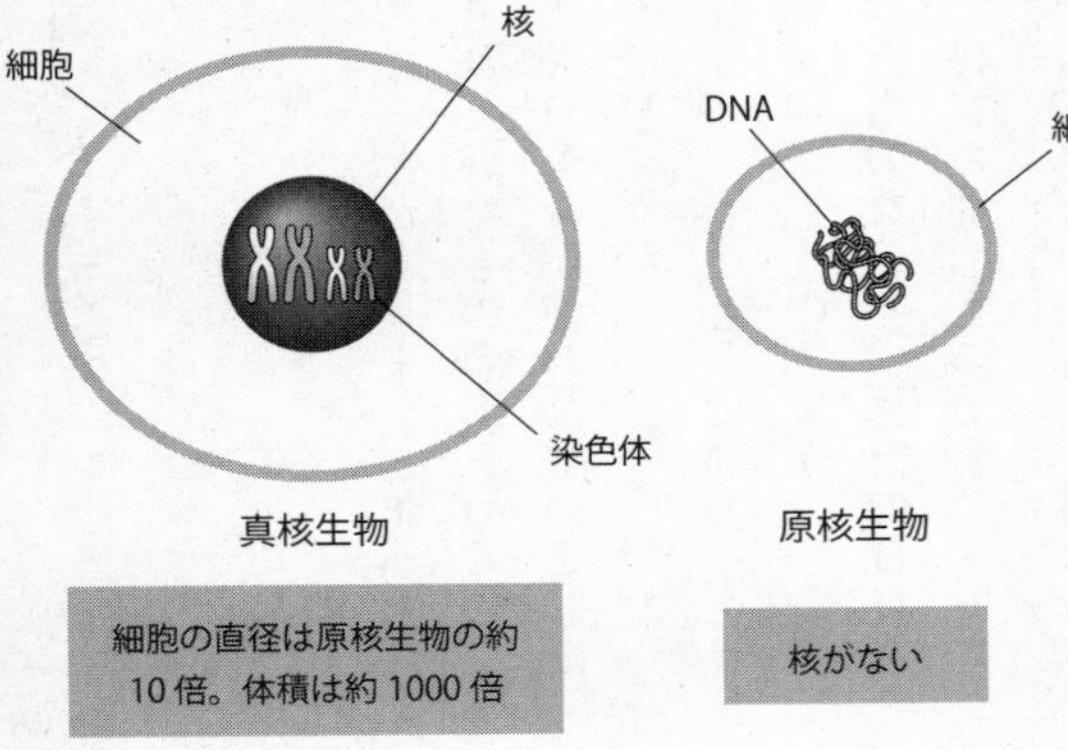

池上　原核生物、核がある生物を真核生物と呼ぶようになりました。

岩﨑　顕微鏡の観察技術が進むことによって、違いがわかってきたのですね。当初は外見が違うだけだろうと思われていたのですが、研究が進んだ1970年代後半ごろから、原核生物と真核生物とでは遺伝のしくみが違うのではないかと考えられるようになりました。実際、原核生物には、真核生物で見られる染色体という構造はありません。

池上　原核生物の一つが別の細胞に入り込んで、ミトコンドリアになったというわけですか。そして、入り込まれた細胞は真核生物になったと。家の中に小部屋を作って役割分担をさせ、そして家を巨大化していったと。

田口　特別な機能は小部屋で専門にやらせることで効率が上がったのでしょう。

池上　ミトコンドリアも小部屋の一つであり、独自のDNAが小部屋の中にあるのですね。

田口　そうです。核にあるDNAと区別して、ミトコンドリアDNAと呼びます。葉緑体も元は別の生物だったので、葉緑体にも、独自の葉緑体DNAがあります。

池上　最初の話に戻りますが、北朝鮮による拉致問題のとき、横田めぐみさんの遺骨であるといって北朝鮮が渡したものは、遺骨をさらに高温で焼いた跡がありました。

田口　なるほど、DNAを熱で分解させて、DNA鑑定できないようにしたわけですね。

池上　でもミトコンドリアDNAを調べることで、横田めぐみさんのものではないとわかったというのです。

田口　焼いてもミトコンドリアDNAが残っていたのでしょう（＊）。核にあるDNAもミトコンドリアにあるDNAも同じ物質なので、同じようにDNA鑑定と呼んでいます。

（＊）核は細胞内に一つしかないのに対して、ミトコンドリアは数百個以上あるため、焼いても総数としてミトコンドリアDNAのほうが残存しやすいと考えられる。

01-16 細胞が分裂するときには何が起きているのですか

池上　次に、細胞の定義の一つである「自己増殖」について考えます。細胞が分裂するときのことを考えると、分裂する前の細胞と、分裂した後の細胞は同じにならないといけませんよね。そのとき、DNAはどうなるのですか。

岩﨑　DNAは正確に二つ複製されて、それぞれが等しく二つの細胞に分配されていきます。

池上　複製というと、ブランド品の模造品や偽物というイメージがあるのですが。

田口　複製されてできあがった二つのDNAは、どちらもちゃんと機能する、本物です。

池上　複製といっても、どちらも本物だということですね。日常で使われる言葉とは別の意味で考えるわけですね。基本的なところになってしまいますが、田口　DNAの複製と細胞の分裂は違うのですか。

まずDNAが複製されて2倍になります。次に細胞が分裂して、DNAが2個の半分、すなわち1個分ずつ分配されます（下の図）。先に細胞が分裂してしまうと、DNAが半分に減ってしまうからです。

池上　よくできていますよね。これから細胞を分裂させようというときに、その前にまずDNAを複製しようと。そういうしくみがあるのですね。

岩﨑　DNAを複製してから細胞を分裂するという順番は「**細胞周期**」と呼ばれています。細胞周期を制御する分子は多くあり、一連の研究成果は2001年のノーベル生理学・医学賞の対象となりました。

DNAが2倍に複製されてから細胞が分裂する

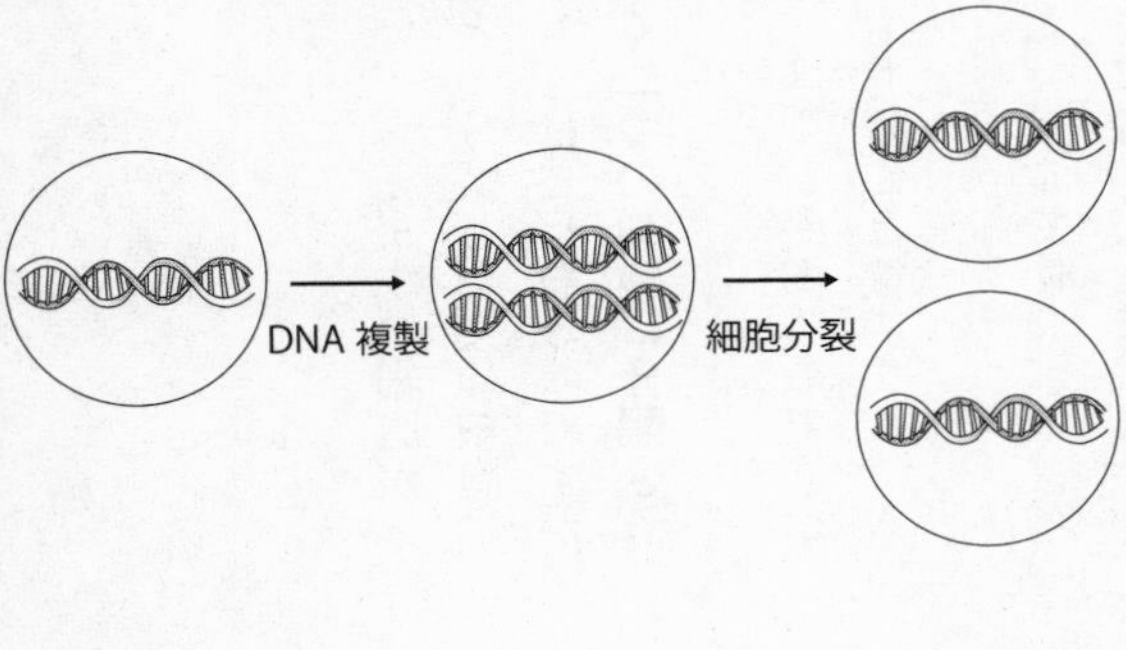

池上　では、なぜDNAは複製されるのですか。

岩﨑　同じ遺伝情報、つまりゲノムを複製して二つの細胞に伝えるためです。1個の細胞である受精卵から個体ができあがるためには、細胞をどんどん増やさないといけませんよね。**1個の細胞を2個に増やすとき、できあがる2個の細胞の中に同じ遺伝情報をもたせるためには、DNAも同じものを2個作る必要があるのです。**

池上　遺伝情報を伝えるため、ですか。何となく合目的な感じがしますね。あたかも、伝えようとする「意志」があるかのように聞こえてしまいます。

岩﨑　それが生命そのもの、ということではないでしょうか。

池上　それが本質ということですか。生命というのは「DNAを伝えたい」と思う存在であると。

岩﨑　自分自身を増やし、残すことを、私たちは**「自己複製」**と呼んでいます。

池上　つまり、生命の本質は自己複製欲求であると。

岩﨑　そもそも、同じものを複製するしくみがないと、生命は今まで生き残ってきませんでしたから。

池上　DNAを緻密《ちみつ》に複製できる生命だけがここまで生き延びたということですね。DNAの緻密な複製はどのようにして行われているのですか。

岩﨑　二重らせんがほどけて、それぞれの片方が鋳型になって、新しいペアを作るのです（74ページ「01-13　生命がDNAを使うメリットは何ですか」を参照）。ただ、できるだけ正確に複製しようとするのですが、それでもまれにミスが起こってしまいます。でも、仮にミスがあったとしても、それを修復するしくみが細胞内にはあります。

池上　正確に複製されなかったときのために、修復するしくみまであるのですね。

岩﨑　複製のミスを見つけて修復するしくみを研究した人たちには、2015年にノーベル化学賞が与えられています。

池上　先ほどの細胞分裂も含めて、こういった重要なしくみが詳しくわかってきて、過去の発見に対してノーベル賞が与えられているのですね。ところで、DNAは1回の複製で2倍になるということですが、一度に大量にコピーすることはできないのですか。

岩﨑　できないというか、しません。1回の複製で2倍にするしくみとなってい

て、4倍になったり8倍になったりしないようにコントロールされています。

池上　それはなぜですか。

岩崎　DNAが必要以上の数になると困るからです。実際、**DNAが増えすぎたものが一種のがん細胞になるのです。**核が2個以上できたり、染色体の数が増えたりするということがあります。

池上　細胞内で遺伝子の機能をコントロールできなくなり、暴走してしまうということですか。

岩崎　そうです。暴走しないように、DNAの複製がどのようにコントロールされているのか探る、というのが私の研究テーマの一つです。暴走するとがん細胞になるなら、暴走しないしくみが生命にはあります。そのしくみをうまくコントロールすることで、がんにならないようにしています（詳しくは第3章参照）。

01-17

クローン、ES細胞、iPS細胞とは何ですか

池上　細胞と一口に言ってもいろいろありますよね。受精卵から手足などが作られることを考えると、受精卵は何にでもなれる細胞ですよね。

田口　**受精卵**は、胎盤《たいばん》も含めて何にでもなれるので**「万能細胞」**と呼ばれるゆえんですね。

池上　昔、NHKの『週刊こどもニュース』を担当していたとき、クローン羊の解説をしたことがあります。どの細胞にも設計図となるものが入っていると話しました。そして、手足などができるときには設計図のうち必要なところだけが見えて、必要のないところはカーテンを閉めて見えなくするとたとえました。

田口　設計図というのが、遺伝情報をすべてまとめたもの、つまりゲノムですね。

池上　設計図にかかっていたカーテンを全部開いて、設計図全体があらわになった万能細胞からクローン羊は作られたと解説しました（下の図）。ところで、カーテンがまだかかっていない状態の受精卵から取り出したものがES細胞、という考えでいいのですか。

田口　**ES細胞の正式名称は胚《はい》性《せい》幹《かん》細《さい》胞《ぼう》(embryonic stem cell) といって、受精卵がある程度、細胞分裂したときに採取された細胞です**（93ページの上の図）。ES細胞には、まだ設計図にカーテンがかかっていません。**胎盤にはなれませんが、それ以外の種類の細胞に変化できます。**別々の種類の細胞に変化する様子を、

設計図（＝ゲノム）にかかっているカーテンを開けてクローン羊を作る

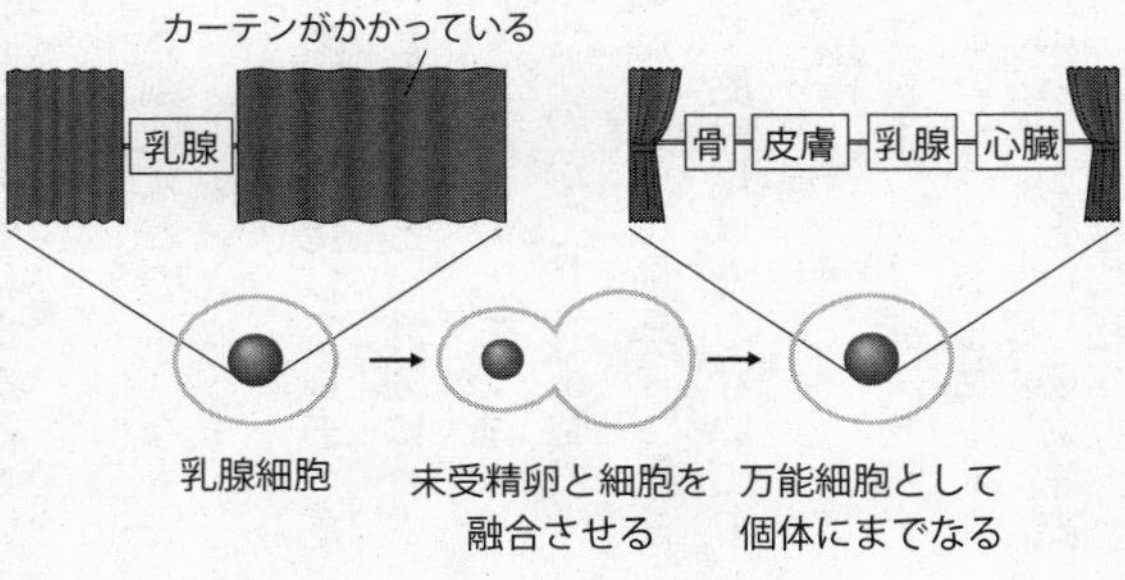

木の枝が分かれるようにイメージすると、ＥＳ細胞は木の幹にあたるというわけです。

池上　似たようなものに、ｉＰＳ細胞があります。ｉＰＳ細胞はどのようなものですか。

田口　**ｉＰＳ細胞は、皮膚や白血球など、すでに特定の細胞に変化してしまったものを、変化前の状態に戻した細胞**です。体ができあがると設計図にカーテンがかかって、他の種類の細胞には変化できないようになっています。設計図にかかっているカーテンを人工的に開けたものがｉＰＳ細胞です（左ページの下の図）。**正式名称は人工《じんこう》多能性《たのうせい》幹細胞**（induced pluripotent stem cell）です。**ｉＰＳ細胞も、ＥＳ細胞と同じく胎盤にはならない**ので、万能細胞ではなく多能性幹細胞と呼ばれています。

池上　万能性ではないが、多能性ではある、ということですね。カーテンを開ける方法が、たった4種類の遺伝子を細胞に入れるということでした（＊）。

田口　動物の細胞は、一度特定の細胞に変化したら元に戻らないというのが常識でしたから、本当に目からうろこでした。最初に発見した山中伸弥《やまなかしんや》先生も、

ES細胞は細胞分裂が進んだ受精卵から採取する

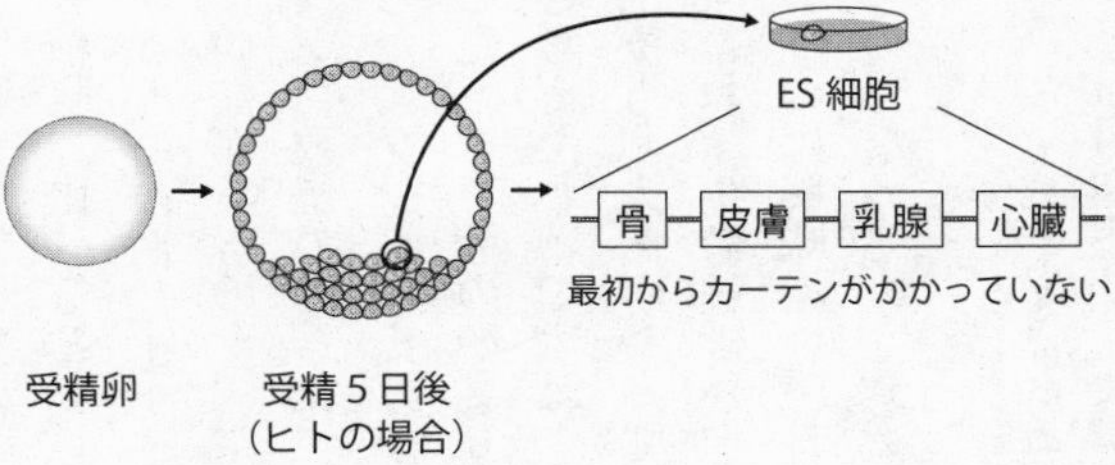

iPS細胞は人工的にカーテンを開ける

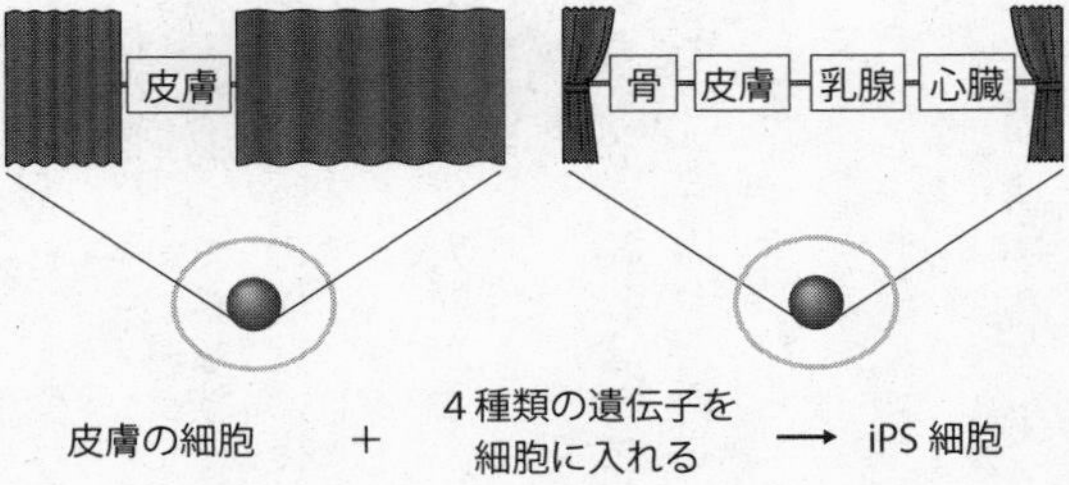

（注）現在では入れる遺伝子を3種類で済ませる方法や、
遺伝子を入れずに特殊な物質で細胞を処理する方法もある

池上　慎重に実験して他の人に信じてもらえるようにしたとのことです。iPS細胞と比べると、ES細胞特有の問題として、受精卵から取ってくるというものがあります（＊＊）。人間の命はどこから始まるのかという議論につながるもので、宗教的な思想も関わってきます。アメリカでは息子ブッシュ政権のときに、国の予算をES細胞の研究に提供することをやめました。ブッシュ氏は中絶反対派ですから。

田口　受精したときを命の始まりと見なして、それに人間が手を加えるのはどうか、と考えたわけですね。

池上　不妊治療も、人間がやってもいいものなのか、国によっては議論になっていますよね。生命科学が進展したことで、そういった新しい問題が出ているというのは興味深い。科学の進歩は、ますます私たちに倫理のあり方を問うものになっています。

（＊）カーテンの開け閉めのしくみについては第2章「02‐12 エピジェネティクスとは何ですか」で触れる。

（＊＊）ＥＳ細胞を作製するときには、不妊治療で不要となって廃棄されることが決まっている受精卵を使用する。日本では、文部科学省と厚生労働省が策定した『ヒトＥＳ細胞の樹立に関する指針』に、ＥＳ細胞作製のために使用する受精卵として「生殖補助医療に用いる目的で作成されたヒト受精胚であって、当該目的に用いる予定がないもののうち、提供する者による当該ヒト受精胚を滅失させることについての意思が確認されているものであること」などの要件を満たすものとしており、この要件を守れば制度上は問題ない。

01-18 iPS細胞を使って どんなことができますか

池上　ヒトでiPS細胞が発見されてから10年以上経ちますが、それからずいぶんと研究が進みましたよね。いろんな病気の治療にも使われているとニュースでよく見かけます。

田口　最初に行われた臨床《りんしょう》研究は、iPS細胞から網膜色素上皮《もうまくしきそじょうひ》細胞シートを作り、それを加齢黄斑変性症《かれいおうはんへんせいしょう》の患者に移植したというものでした。まだ少人数ですが大きな副作用などはなかったと報告されています。他には、iPS細胞から作ったドーパミン神経前駆《ぜんく》細胞（ドーパミンという神経伝達物質を出す神経細胞になる前の細胞）をパーキンソン病患者に移植する、角膜上皮幹細胞疲弊《ひへい》症という目の病気の患者にiPS細胞由来の角膜上皮細胞シートを移植する、心筋症患者に対してiPS細胞から作った心筋細胞シートを移植する、という臨床研究がこれまで行われてきました（2019年12月時点）。

岩﨑　移植はまだ行われていないけれども、厚生労働省からの承認が得られた臨床研究としては、脊髄《せきずい》損傷患者に対してiPS細胞から作った神経前駆細胞を移植する、などがあります。**細胞を使って病気やケガを治すことを「再生医療」**と言いますが、再生医療にiPS細胞が使われるようになっているのが、ここ数年の大きな出来事です。

池上　再生医療には期待がかかっていますね。

田口　おそらく多くの人がiPS細胞に期待していることは再生医療だと思います。ただ実際には、iPS細胞は基礎研究でも非常に役立っていて、さらには薬作りにも使われています。

池上　どういうことですか。

田口　たとえば、iPS細胞を肝臓の細胞や神経細胞などに変えて、肝臓や神経の病気に対する薬を試す、という方法があります。患者にいきなり薬を投与するわけにはいかないので、すごく有効なやり方です。

池上　山中伸弥先生が2012年にノーベル生理学・医学賞を受賞したことをきっかけに、iPS細胞を使う研究や再生医療に政府が莫大な予算をつけましたよね。

田口　iPS細胞は日本人が見つけたものですから、日本発の技術として力を入れたいという考えはあるだろうと思います。

池上　しかし、本来なら基礎研究にかけるべきお金がiPS細胞の応用研究や臨床研究に流れてしまったというのは事実としてあります。この予算配分についていて、他の分野で基礎研究をやっている先生たちの中には、不満をもっている人もいるでしょう。国として科学技術研究費の予算が限られている中で、過度な「選択と集中」が問題となっていると聞きます。やはり広範な基礎研究も大事だと、私個人は思います。

第2章

「細胞の中では何が起きているのですか」

02-01 代謝とは何ですか

池上　ここまで、細胞や生命の定義である「境界・自己増殖・代謝」のうち、「境界」と「自己増殖」について取り上げました。細胞膜という境界によって外界と切り離された空間があること、DNAが複製されて細胞が分裂するという自己増殖能力をもつこと、この二つが細胞や生命にとって欠かせないということでした。最後の定義である「代謝」について伺います。そもそも代謝とは何ですか。

田口　代謝というのは、**細胞が増えたり活動をしたりするときに、細胞の中で起きるいろいろな化学反応や物質のやりとりを一括りにしたもの**です。たとえば、DNAを複製する化学反応も、細胞の外にあるブドウ糖を細胞内に取り込むことも代謝です。

池上　そういった代謝は勝手に起こるものなのですか。

田口　ほとんどの場合は、「タンパク質」がはたらいています。

池上　タンパク質と聞くと、食べ物の栄養素としてのタンパク質、たとえば動物性タンパク質とか植物性タンパク質とかをイメージするのですが、同じものですか。

田口　物質の分類としては同じものです。食べるときのタンパク質は、栄養素として摂《と》っているという理解でいいと思います。実際、タンパク質は漢字で書くと「蛋白質」ですが、この「蛋」は卵という意味です。つまり、卵の白身にたっぷり含まれている成分ということです。ただ、食べたタンパク質がそのままはたらくのではありません。実際には、食べたタンパク質は一度細かく分解され、自分が生きていくために必要なタンパク質に再構築されます。

池上　細胞内で再構築されたタンパク質は、何をしているのですか。

田口　タンパク質は、細胞が生きていくための機能、さらにいえば生命現象のすべてを司《つかさど》っているといえます。

池上　タンパク質がなければ、生命はあり得ないと。

田口　タンパク質があるからこそ、生命は成り立っています。生命が何かをするときには、必ずタンパク質が関わっているといっても過言ではありません。

池上　生きていく上でタンパク質が必須ということですね。先ほどのＤＮＡ複製だけでなく、細胞分裂にもタンパク質が関わっているのですか。

田口　もちろんです。生命の中で緻密なしくみを運用しているのがタンパク質です。

02-02 タンパク質は何をしているのですか

池上　もう少し掘り下げて聞きたいのですが、タンパク質は具体的に何をしているのですか。

田口　生命の中でなら、何でもやっているという言い方になってしまいます。たとえば「生きている」という言葉を聞いたとき、何をイメージしますか。

池上　そうですね、まずは「呼吸をする」でしょうか。

田口　「呼吸をする」ということは、空気中の酸素を吸って身体の隅々まで運んで、最後は二酸化炭素を吐くことだ、というのが普通の認識だと思います。詳しく言うと、酸素を取り込んで、食べたものの中からエネルギーを取り出すということなのです。このとき血液を通じて身体の隅々まで酸素を運ぶのですが、**血液の中で酸素を運ぶ**のは、赤血球という細胞の中にある

「ヘモグロビン」という名前のタンパク質です（下の図）。

池上　酸素を運ぶのもタンパク質であると。

田口　別の例を挙げます。ごはんを食べたとき、まずは消化酵素が食べ物を細かく分解します。炭水化物を分解する消化酵素はアミラーゼなど、脂肪を分解する消化酵素はリパーゼなど、栄養素としてのタンパク質を分解する消化酵素はペプシンなど、分解するものそれぞれに対して消化酵素があります。これらの**消化酵素もす**

「タンパク質」と一口に言ってもいろいろある

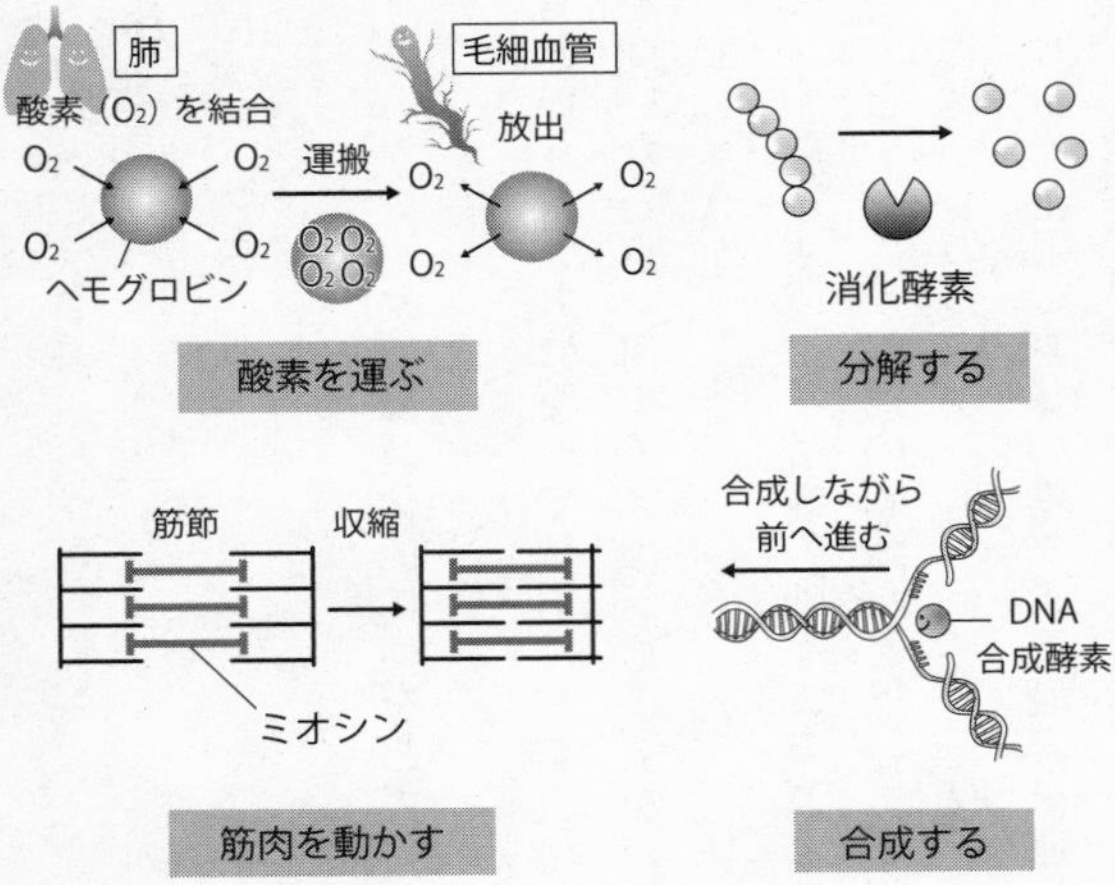

池上　べてタンパク質です。

田口　消化酵素は有名ですが、それもタンパク質なのですね。食べものの中にある炭水化物は、消化酵素によってブドウ糖という物質まで分解されます。ブドウ糖は多くの細胞に取り込まれ、細胞内でさらに多数のタンパク質によって分解され、最終的に生命が生きていくために必要なエネルギーを作ります。

池上　あと「生きている」というと、心臓が動くというイメージがあります。

田口　心臓の拍動《はくどう》は、筋肉が動くことによって起きるのはご存じだと思います。その**筋肉を細かく見ていくと、そこには動くタンパク質（ミオシンなど）があります。**エネルギーを使って形を変えるタンパク質があるのです。

池上　そんなタンパク質もあるのですか。

田口　タンパク質分子一つひとつはナノメートル単位、すなわち10億分の1メートル単位という目に見えない小さな世界にあるのですが、それが多く集まれば心臓の拍動という、私たちが実感できるほどの大きな力を生み出します。

池上　第1章で大きく取り上げた、**ＤＮＡの複製**のときにはどのようなタンパク質が関わっているのですか。

岩﨑　中心となっているのは、**ＤＮＡポリメラーゼというＤＮＡ合成酵素**ですね。

池上　タンパク質というと、栄養素として取り込むものというイメージがあったのですが、**さまざまな生命現象を運用している**のですね。

田口　そうです。タンパク質の機能を説明するときには、生命の中で何でもやっていると表現するのが一番いいのですが、そうすると抽象的すぎてわかりにくくなってしまいます。そこで今のように個別の事例を紹介しながら、目には見えないけれども、細胞の中でせっせとタンパク質がはたらいている様子を想像してもらうようにしています。

池上　食べ物としてのタンパク質は何らかの栄養になっていると思っていましたが、**タンパク質を分解するのも消化酵素というタンパク質**だし、**自分に必要なエネルギーやＤＮＡを合成するのもタンパク質**なのですね。

田口　食べものとして食べるタンパク質は栄養素の一つという印象があると思います。でも先ほど紹介したように、呼吸をする、食べ物を分解する、心臓を動かすなどは、それぞれ違ったタンパク質が活躍します。場所が違えば、まったく別の種類のタンパク質がはたらいています。生命の中では何千種類、何万種類というタンパク質がうまく調和を取りながらはたらいているのです。

02-03 タンパク質は何種類あるのですか

池上　今、生命の中では何千種類、何万種類というタンパク質がはたらいていると言いましたが、たとえばヒトの中にタンパク質は全部で何種類あるのですか。

田口　**ヒトには2万5000種類くらいあると言われていますが、**その多くはまだ機能がわかっていません。

池上　ヒトのタンパク質はいまだに新しいものが次々と発見されていますよね。よくニュースで見聞きします。

田口　あとで詳しく紹介しますが、遺伝子がもつ情報を元にタンパク質が作られます。ということは、遺伝情報の総体であるゲノムがわかれば、タンパク質が何種類あるのか推測できるのです。

池上　ゲノムに何種類の遺伝子があるかわかれば、そこからタンパク質の種類もわかるということですね。

田口　人間の場合、ゲノムは2003年に全部解読されています。つまり、DNAの塩基配列がどうなっているかは全部わかっていて、どこが遺伝子なのか、どこがタンパク質を作るところなのか、今までの研究の経緯から大体の予想はついています。それが2万5000種類くらいです（＊）。

池上　それは専門家からすると多いのですか、少ないのですか。

田口　人間のゲノムを解読しようとした1990年代の予想からすると、すごく少ないです。たとえば、バクテリアである大腸菌には、遺伝子が4000種類くらいあります。人間のほうがずっと複雑なので、人間にはとてつもない数の遺伝子があると、1990年代までは思われていました。

池上　そう考えるのが自然ですよね。

田口　大腸菌が4000種類くらいなら、人間は10万種類くらいだろうという予想もありました。ところがふたを開けてみると、人間の遺伝子は2万5000種類くらいしかなかった。**大腸菌と人間は、遺伝子の数からすればた**

かだか6倍しか違いがなかったのです。これは衝撃的でした。

池上　私たち人間は大腸菌とその程度しか違いはないのか、と。

田口　そういう見方は確かにあります。ただ実際には、約2万5000種類の遺伝子から、少しずつバリエーションの変わったタンパク質が作られることも、最近になってわかってきています。

池上　バリエーションとは何ですか。

田口　1種類の遺伝子から数種類のタンパク質を作り出すしくみがあるということです。そのため、実際にはヒトの中には2万5000種以上のタンパク質があると考えられています（＊＊）。「遺伝子の数の違い」イコール「生物の複雑さ」とつなげていいほど単純ではないようです。

池上　遺伝子の数の違いでいうと、人間とチンパンジーとではそれほど変わらないんですよね。

岩崎　遺伝子数はほぼ同じで、ゲノム全体でも約98パーセントは同じです。

池上　たった2パーセントの違いということですか。

田口　2パーセントという数字は小さいと思うかもしれませんけど、実際にはそこから作られるタンパク質の機能はだいぶ違ったものになります。

池上　体のどこでどのタンパク質を作るのか、というのも決まっているのですか。

田口　人間のタンパク質約２万５０００種類がいつも同じ場所ではたらいているのではなく、必要なときに必要な場所で、必要な分だけ作られています。

池上　人間の体をひとつの会社とすると、タンパク質はその社員みたいなものですね。適材適所に配置されているかのようです。

タンパク質の種類によって作られる場所は変わる

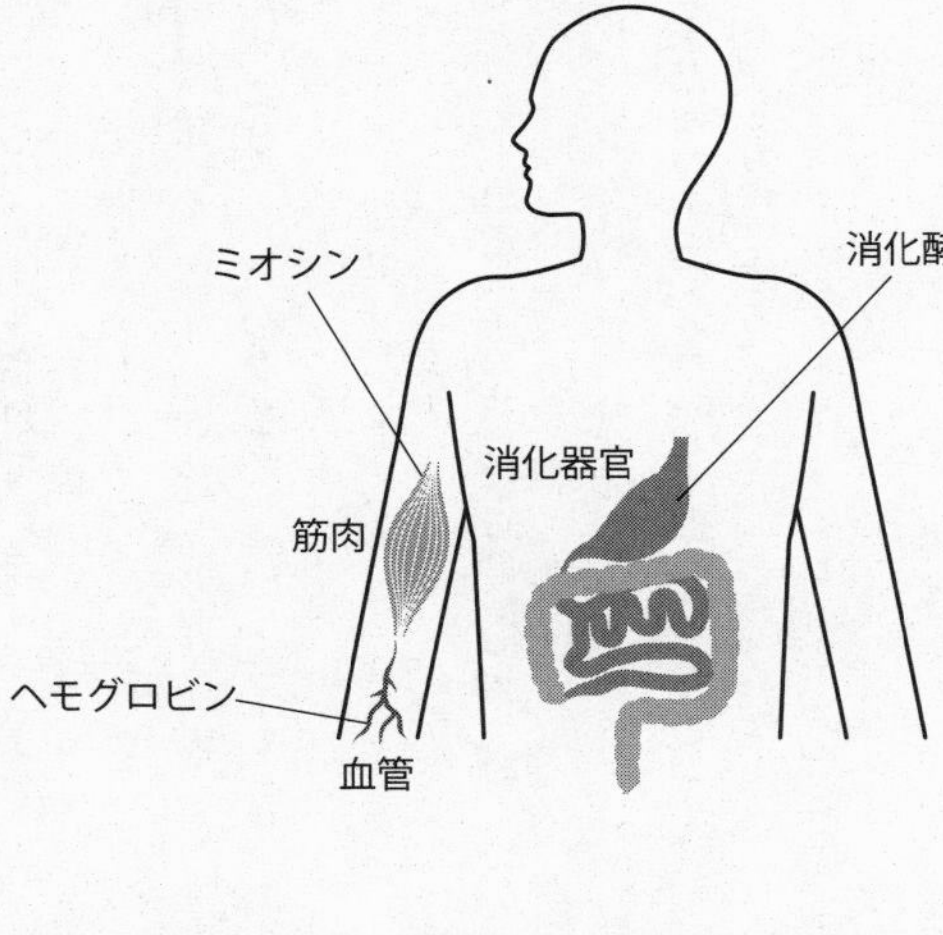

田口　ヘモグロビンは赤血球で、消化酵素は消化器官で、というように、どのタンパク質をどこで作らせるのかは厳密にコントロールされています。うまくできた会社ですね（前ページの図）。

池上　タンパク質はどうやって作られるのですか。

田口　後で詳しく述べますが、タンパク質を作るのもタンパク質です。

池上　自分で自分を作るようなものですね。

（＊）２０１８年に発表された研究によると、ヒトの遺伝子の数はさらに減って、約２万種類であるとされる。

（＊＊）人間のタンパク質の正確な総数は未《いま》だにわかっていない。本書では、ひとつの目安として約２万５０００種類存在するものとする。

02-04 タンパク質はどんな形をしているのですか

池上　人間には2万5000種類くらいのタンパク質があって、しかもそれらを作るのもまたタンパク質というのは、私からすると目からうろこです。まるで、ロボットがロボット自身の部品を作っているようなものですよね。

田口　タンパク質をロボットでたとえていただきましたが、タンパク質の研究をしている人たちは、タンパク質のことを「マシン」と表現することがよくあります。

池上　マシン、ですか。

田口　しかも、ナノメートルサイズのマシンなので「ナノマシン」と呼ぶこともあります。

池上　なるほど、**タンパク質はナノマシンであると。**

田口　生体内のナノマシンは、とても巧妙なしくみをもっています。たとえば、細胞の中で使われるエネルギーはアデノシン三リン酸（ATP）という分子として流通しているのですが、このATPを作るタンパク質「ATP合成酵素」は、回転しながらアデノシン二リン酸（ADP）とリン酸からATPを作っています（下の図）。

池上　本当だ、回っていますね（文部科学省のサイト「科学技術週間」より　http://stw.mext.go.jp/series/protein.html）。

岩崎　これは東工大を退職された吉田賢右《まさすけ》先生と、早稲田大学におられた故・木下一彦先生の共同研究の成果なのですが、本当にロータリーモーターのような動きをします。

回るタンパク質「ATP合成酵素」のしくみ

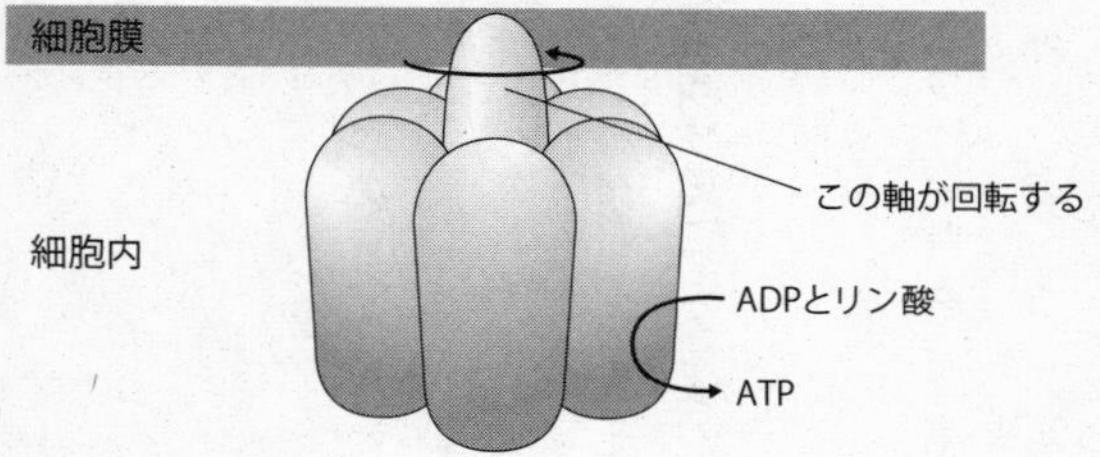

池上　どういう原理で回っているのですか。

田口　かぼちゃのようなものの真ん中に軸があるのですが、その軸が回るとATPが作られます。先ほど池上さんは「生きている」というイメージで呼吸を挙げていましたが、実は呼吸でエネルギーを作る最後の場所がこれなのです。このATP合成酵素はミトコンドリアにあり、ごはんとして食べたデンプンは次々に分解され、最終的にここにたどり着きます。そしてこのATP合成酵素が回転することで、ATPというかたちでエネルギーが作られます。

池上　このタンパク質が回転することでエネルギーが作られているのですね。

田口　はい、そうです。さらにもう一つ、例を紹介します。細胞の中でいろいろなものを運ぶタンパク質があるのですが、このタンパク質には足があって歩くのです（次ページの図）。

池上　これはすごい、二足歩行だ（文部科学省のサイト「科学技術週間」よりhttp://stw.mext.go.jp/series/protein.html）。本当に歩くのですか。

田口　このタンパク質「キネシン」は、ATPを使って歩きます。しかも、向きをもって歩きます。普通の分子はランダムに動くのですが、キネシンは決まった場所に向かって歩きます。レールの上を歩いていますが、このレールもまた「微小管」というタンパク質です。

池上　回転したり歩いたり、まさにナノマシンですね。考えてみると、人間のすべてを機械のパーツに還元して考えようという発想は、昔からありましたよね。「人間機械論」といいます。

田口　そういう考え方は確かにあります。どんな生命もパーツで見ると、結局は分子に行き着きますから。で

歩くタンパク質「キネシン」

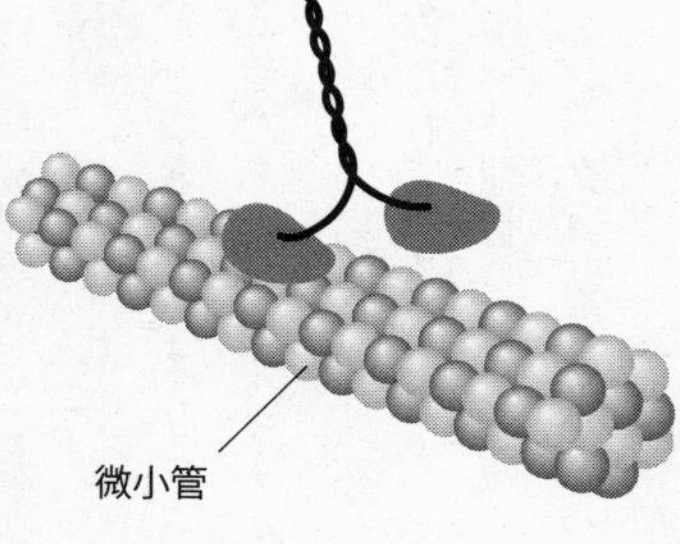

微小管（これもタンパク質）というレールの上を歩く

も、生体内の分子は固定されておらず、柔らかく動いているのです。

池上　柔らかく動いている、と。

田口　**タンパク質はちょっとしたことで動いて、その動きはいろいろな分子によって制御されています。**そのようすは、まさにマシンと呼ぶのにふさわしいのです。そのおかげで私たちは生きていられるのですが、本当によくできているという言い方をするしかありません。

池上　こういうものを見ると、ますます生命現象って不思議な感じがしてきます。ナノマシンが引き起こす化学反応があり、それらがすべて生命現象になるのですね。

02-05 酵素、コエンザイム、ビタミンとは何ですか

池上　消化酵素などの酵素もタンパク質ですよね。そもそも酵素とは何ですか。

田口　**酵素というのは、化学反応を助けるタンパク質のことです。**たとえば、消化を助けるタンパク質は消化酵素といいます。酵素は英語でエンザイム(enzyme)といいます。

池上　エンザイムといえば、サプリメントなどでコエンザイムQ10というのを聞いたことがありますが、コエンザイムとは何でしょうか。酵素と関係があるのでしょうか。

岩崎　**コエンザイムは日本語で「補酵素」と訳されているものです。**

池上　酵素ではないのですか。

岩崎　**タンパク質ではないのですが、酵素を助ける、潤滑油のようなものです**

（下の図）。補酵素は、酵素がちゃんとはたらくために必要です。

池上　ビタミンは体の中の機能を助けると聞いたことがありますが、ビタミンとは何なのですか。

田口　**ビタミンは、私たち人間が自分の体内で作ることができない微量の栄養素の総称です**（＊）。多くは、酵素のはたらきを助けるものなので、ほとんどのビタミンは補酵素としてはたらきます。補酵素のうち、体内で作ることができず、食べ物というかたちで外から持ち込むものがビタミンですね。

池上　なるほど。ビタミン自体は人間の体内で合成できないから食べる必要があり、酵素のはたらきを助ける潤滑油の役割をもっていると。

田口　そうです。ビタミンは最近、サプリメントとして単独で売られていて、大事な栄養素と思われてい

酵素を助けるのが「補酵素」

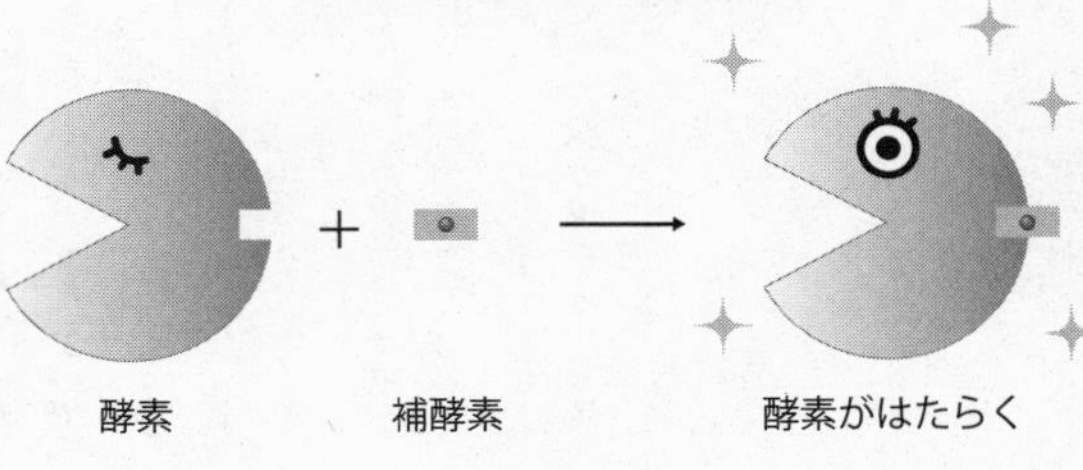

るところがありますよね。でも、実際には酵素があってこその補酵素です。ビタミンやコエンザイムと名が付くサプリメントだけを摂取したところで、それらが助ける酵素がないと本末転倒です。そういったサプリメントを食べるだけでは生きていけません。あくまでも、酵素を手助けする分子です。

（＊）ただし、厳密には、ビタミンDは紫外線を浴びることで体内（皮膚）で合成することができる。赤ちゃんでも適度な日光浴が推奨されているのはこのためである。北欧など日照時間が短い地域では、皮膚で作るビタミンDの量だけでは不足しがちなので、食べ物からビタミンDを摂取することが欠かせない。

02-06 タンパク質はレゴブロックが集まったナノマシン？

池上　そもそも、タンパク質は何からできているのですか。

田口　タンパク質は、「アミノ酸」という分子がつながったものです。生体中のタンパク質は、20種類のアミノ酸からできています（次ページの上の表）。

池上　食べたタンパク質は、最終的にアミノ酸に分解されます。どんなタンパク質も一度分解されるのですか。

田口　必ずアミノ酸にまで分解されます。分解物であるアミノ酸は、生体内で新しく作られるタンパク質の材料になります。食べたタンパク質をそのまま使うのではなく、バラバラにしてから、自分にとって都合のいいものに作り替えていきます（次ページの下の図）。

池上　アミノ酸はタンパク質のパーツであり、それを細胞内で都合よく組み合わ

タンパク質を構成する20種類のアミノ酸

	3文字表記		3文字表記
アラニン	Ala	ロイシン	Leu
アルギニン	Arg	リシン	Lys
アスパラギン	Asn	メチオニン	Met
アスパラギン酸	Asp	フェニルアラニン	Phe
システイン	Cys	プロリン	Pro
グルタミン	Gln	セリン	Ser
グルタミン酸	Glu	トレオニン	Thr
グリシン	Gly	トリプトファン	Trp
ヒスチジン	His	チロシン	Tyr
イソロイシン	Ile	バリン	Val

食べたタンパク質はそのまま使われない

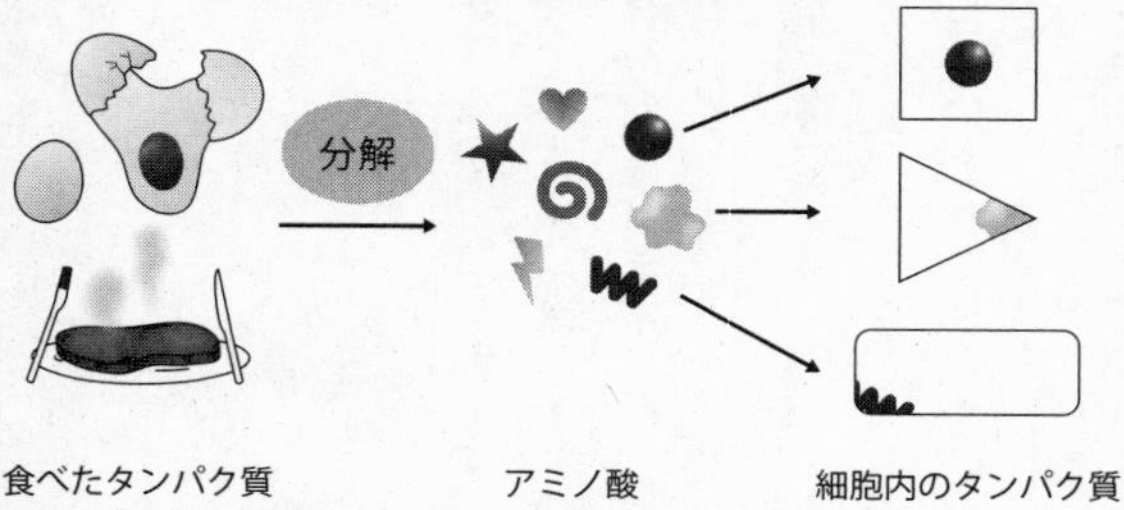

食べたタンパク質はアミノ酸に分解され、別のタンパク質のパーツになる

田口　せているると。まるでレゴブロックのようですね。おっしゃるとおりです。20種類のレゴブロックがあって、いろいろな形を作ることができるという意味ではぴったりのたとえですね。ただ、レゴブロックは立体的に組み立てられますが、タンパク質はアミノ酸が一直線につながったものです。

池上　**アミノ酸というレゴブロックがあり、アミノ酸がつながったタンパク質がナノマシンとして機能するのですね。**

田口　有機化学合成の研究分野では、大きな分子を作るための基本構造をビルディングブロックと呼んでいるので、本当にブロックですね。

池上　タンパク質はすべて、20種類のアミノ酸からできているのですか。

田口　そうです。20種類のアミノ酸がつながって、回転するものも、2本足で歩くものも作られます。ブロックは20種類しかないのに、組み合わせることでいろいろな形ができて何でもこなしてしまうのが、タンパク質の面白いところです。

02-07 コラーゲンを食べるとお肌がぷるぷるになるのは本当ですか

池上　タンパク質のなかで、ある意味一番有名なものは、コラーゲンでしょうね。コラーゲンを食べると、お肌がぷるぷるになるとよくいわれますが、本当ですか。

岩﨑　食べたタンパク質がそのまま体内で使われることはまずあり得ませんし、そうだったら変だと思いませんか。私はよく「ステーキを食べたら牛になりますか?」「マグロを食べたらマグロになりますか?」と言っています。牛のタンパク質やマグロのタンパク質がそのまま人間の中で使われるわけではありません。

池上　そもそもコラーゲンとは、どんなタンパク質ですか。

田口　**コラーゲンは、3本の紐がらせんとなったものです。**ＤＮＡは二重らせん構造ですが、**コラーゲンは三重らせん構造です。三重らせん構造をとることで、コラーゲンは固いファイバーの役割を果たします。**ファイバーがびっしりとあることで、皮膚などで強度や弾力性が生まれるのです（下の図）。

池上　いろんな種類のタンパク質がある中で、コラーゲンはファイバーという形をつくること自体が大事なのですね。

田口　コラーゲンは牛や豚など、いろいろな生物でファイバーとして機能しています。それを食べると、**一度アミノ酸にまで完全に分解されて**、そのアミノ酸が材料となって人間のタンパク質が作られます。だから、直接同じコラーゲンが使われた

コラーゲンは三重らせん構造のファイバータンパク質

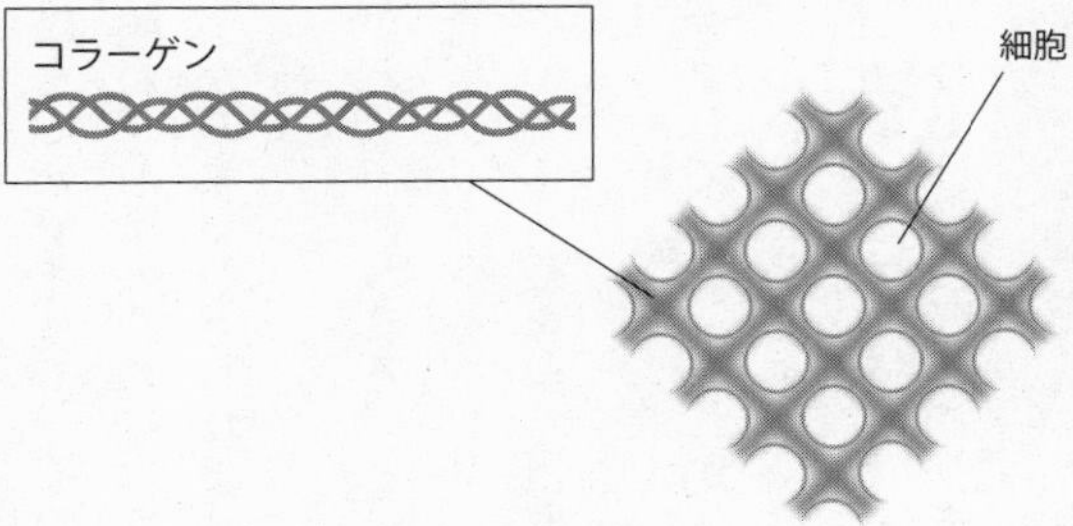

コラーゲンは細胞の間に配置され、強度や弾力性を生み出す

り、コラーゲン合成のためだけに使われたりするわけではないのです。」

池上　コラーゲンを食べても、レゴブロック一個一個にまで分解されて、そのままコラーゲンに再構築されるわけではないのですね。お肌のためにコラーゲンを食べよう、と言ってきた女性たちは、がっかりするかもしれませんね。

田口　コラーゲンを含めたすべてのタンパク質のパーツとして使われる、というのが正しい考え方です。ただ、コラーゲンの場合、グリシンやプロリンなど、特定のアミノ酸が多く使われているので、そのアミノ酸を多く摂取するという意味ぐらいはあるのかもしれません。

池上　コラーゲンには珍しい形のレゴブロックが多く含まれていて、それが体内でコラーゲンを作るときに役立つかもしれない、ということですか。

田口　あながち間違いではないと思いますが、どちらにせよ食べたコラーゲンがそのまま体内で使われるわけではないですし、それでは逆に困ってしまいます（＊）。

池上　以前、コラーゲン入りラーメンというのを食べたことがあります。そのとき、ラーメンとは別の器に載っていたコラーゲンは脂肪の塊のように見えて、それをラーメンの中に入れたのですが。

田口　コラーゲンはどこか特別扱いされていますが、中身はゼラチンや煮こごりとほぼ同じですからね。おそらくコラーゲン入りラーメンのコラーゲンは、ゼラチンか煮こごりの状態で提供されたのだと思います。

（＊）同じことは酵素にも当てはまる。「酵素入り○○」というサプリメントが販売されているが、タンパク質である酵素も体内ではアミノ酸にまで分解されるため、サプリメントの酵素そのものが体内で作用することはあり得ない。ただし、製品の中で酵素によって作られた有効成分が人間の体に作用することはあり得る。

02-08 遺伝子組換え食品が有害だというのは思い込み?

池上　コラーゲンを食べても全部アミノ酸に分解されるというのなら、遺伝子組換え食品も同じことがいえるのですか。

田口　同じ話ですね。**食べたものは、遺伝子組換え食品であろうがなかろうが、生体内では区別されずに分解されます。**

池上　よく、遺伝子組換え食品は人間の体に有害かどうかという議論がありますが。

田口　食べるという点においては、タンパク質を分解するしくみを考えれば問題ないと考えます。

池上　遺伝子組換え食品を食べても、どんなタンパク質もアミノ酸に分解されるだけだから、別に害のあるものではないと。

田口　私はそう思います。ある特定の遺伝子を組み込んで、ある特定のタンパク質を作るようにしただけであって、アミノ酸というパーツレベルでは同じですから。

池上　製品のパッケージにある「遺伝子組換え大豆は使用していません」などの表示は、生命科学の立場からすると意味がないわけですね。

岩崎　食べものを消化するときに限れば、問題ないですね。

池上　でも、そのほうが売れてしまうという現状があります。

田口　それはもう、科学的根拠とは離れたところの議論になってしまいます。

池上　遺伝子組換え食品を認めるかどうか、という政治的な判断の話ですね。

田口　人工的に作ったものは有害だという思い込みがあるのかもしれません。私たちもいろいろな人に、タンパク質やアミノ酸の話をしながら理解してもらおうとしているのですが、苦労しています。

池上　そうなると、生命科学を基礎知識として身に付けているかどうかになりますね。コラーゲンと同じで、食べても害はないけど、特別に何か意味があるというわけではないと。

田口　「遺伝子組換えでない」と表示されている食品の方が一般に値段は高くつきますけどね。

池上　確かに財布には影響がありますね。

岩﨑　もし遺伝子組換え食品で問題があるとするなら、食品の安全性とは別のところにあります。

池上　それは何ですか。

岩﨑　**生態系に影響を与えるかもしれない**、ということです。たとえば、特定の除草剤が効かない遺伝子組換え大豆があるとします。その除草剤だけを使い続けることで、遺伝子組換え大豆だけが生き延び、それ以外の植物は生えてこないなら、害虫や微生物を含めた、その土地の生態系が変わる可能性はあるでしょう。

池上　単純に食べてもいいか、という問題だけではないと。農地の生態系という広い視野で考える必要があるのですね。

岩﨑　はい、そう思います。また、仮に遺伝子組換え作物が理論上１００パーセント安全だと予想されていたとしても、生き物なので変化する可能性があり、その際どのように変わるか予想できないということもあります。つまり、人間の食品として多面的な観点から安全かどうか、生態系に影響がないかどうかという問題は、まだ議論する必要がありそうです。

02-09 良質なタンパク質や必須アミノ酸とは何ですか

池上　タンパク質の摂取といえば、もう一つ聞いておきたいことがあります。「良質なタンパク質」という言い方があるのですが、良質とは何ですか。

田口　良質なタンパク質とは、「必須アミノ酸」がバランスよく入っている食品のことです。

池上　必須アミノ酸というのは、何が必須なのですか。生命を維持するのに必須のアミノ酸という意味ですか。

岩﨑　いいえ、20種類のアミノ酸はどの生命にも必要です。アミノ酸のうち、自分の体内で作ることができるものもあれば、できないものもあります。そして、**自分で作れないものを必須アミノ酸と呼んでいます。ヒトでは20種類のアミノ酸中9種類が必須アミノ酸です（＊）。**

池上　自分で作ることができないから、外から調達するアミノ酸が必須アミノ酸なのですね。先ほど、良質なタンパク質とは「必須アミノ酸がバランスよく入っている食品」と言っていましたが、「バランスよく」とはどういう意味ですか。

田口　逆の例になりますが、さっきの話に出たコラーゲンの場合、一部のアミノ酸だけが大量に使われています。グリシンというアミノ酸だけで30パーセント以上、プロリンとそれに似たもので20パーセント、アラニンで10パーセントを占めているのです。そういう意味では、コラーゲンはアミノ酸バランスの悪いタンパク質ですね。

池上　聞けば聞くほど、コラーゲンの価値が下がっていくような気がします。では、９種類の必須アミノ酸が含まれている食品が、バランスのいい栄養食品ということになるのですか。

岩崎　どうでしょう。今はアミノ酸だけに注目していますが、実際には他の栄養素も考えないといけません。牛肉であれば脂質も多く含まれています。ビタミンも摂取しないと、補酵素が不足して機能しにくくなる酵素も出てくるでしょう。

池上　タンパク質に限らず、バランスよい食事が結局のところ一番いいということになるのですね。なんだかありきたりの話になってしまいますが、生命科学の観点からもそういう結論になるのは面白いですね。

（＊）必須アミノ酸は生物種によって異なる。ヒトの場合は、ヒスチジン、イソロイシン、ロイシン、リシン、メチオニン、フェニルアラニン、トレオニン、トリプトファン、バリンの9種類（122ページの上の表参照）。大人のラットは、ヒトの9種類の必須アミノ酸にアルギニンを加えた10種類が必須アミノ酸となる。映画『ジュラシック・パーク』では、恐竜の必須アミノ酸にリシンがあるとしている。人間が恐竜のエサにリシンを混ぜないと生きていけないようにして、もし恐竜が人間の手を離れてもすぐに死ぬようにと、体内でリシンを作ることができないように遺伝子を改変したとするエピソードが描かれている。

02-10

DNAとタンパク質をつなげる「生命の統一原理」とは何ですか

池上　タンパク質が生命現象を担う大切な存在であることはよくわかりました。一方で第1章でお聞きしたように、DNAもまた遺伝子を担う分子として必要な存在であると。タンパク質とDNAは、どちらも生命にとって大切な分子のようですが、どのような関係があるのですか。

田口　そこですよね。生命にとって、あらゆる生命現象を担うタンパク質も、どの細胞にも存在するDNAも、両方とも大事なのですが、どうつながるのかというところです。そこで登場するのが「セントラルドグマ」という考え方です。**DNAから「RNA」という分子に情報がわたり、RNAからタンパク質が作られるという流れです。**

池上　急に難しくなってきましたね。順番に聞いていきましょう。まず、セントラルドグマとは一体何ですか。

岩﨑　第1章でお話ししたとおり、遺伝子を担う物質がDNAであると証明されたのが1950年ごろでした。同時に、生体内でさまざまな生命機能を担っているのがタンパク質であることもわかってきたころでした。遺伝情報の担い手であるDNAと、生命機能の担い手であるタンパク質がどうつながるのか。この問題を解く仮説として提唱された学説がセントラルドグマです。

池上　つまりセントラルドグマというのは、**DNAからどうやってタンパク質が作られるのか**という問題を解決するためのアイデアだったのですね。どのようなアイデアだったのですか。

岩﨑　DNAからタンパク質が作られる間に、何らかの介在分子があると考え、可能性が最も高いものとしてRNAを想定した仮説です（左ページの図）。

池上　RNAとは何ですか。

岩﨑　**RNAは、正式名称をリボ核酸**（ribonucleic acid）**といいます。**DNAに似た物質で、糖、リン酸、4種類の塩基からできています。ただし**DN**

Ａと違って二重らせん構造ではなく、単純な１本の紐です。ＤＮＡから、分子として性質が似ているＲＮＡが作られて、ＲＮＡを元にタンパク質が作られるとするのがセントラルドグマです。

池上　セントラルドグマという仮説は、今では正しいとされているのですか。

岩﨑　１９５０年代から70年代にかけて生命科学の研究者が躍起になって研究していき、今ではセントラルドグマは正しいということが証明されています。

池上　最初にセントラルドグマを提唱し始めたのは誰ですか。

岩﨑　ＤＮＡの二重らせん構造の発見者の一人であるフランシス・クリックです。１９

DNAとタンパク質の関係「セントラルドグマ」

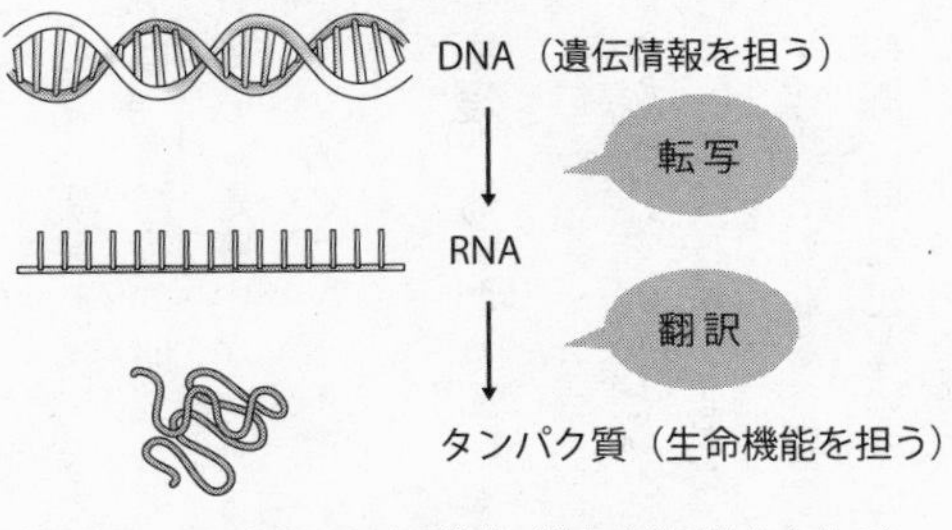

「ドグマ」とは宗教における教義（教えを体系化したもの）。セントラルドグマは「生命の中心教義」である

田口　58年にはセントラルドグマという言葉を用いて、DNAの情報を基にタンパク質が合成される順序について考えていたようです。

池上　クリックは元々物理学者で、理論を先に発表してから実証していくという研究スタイルだったそうです。そういう意味では、素粒子の研究と似たようなスタイルで、セントラルドグマも解明されていった歴史があります。物理学者が生命科学の研究に影響を与えてきたというのは、興味深いことですね（*）。

田口　そして今では、**セントラルドグマは生命の統一原理ともいわれています。**

池上　統一原理、といいますと。

田口　DNAからRNAが作られ、RNAからタンパク質が作られるというセントラルドグマは、地球上のどんな生命にも共通のしくみです。地球には、バクテリア、植物、昆虫、人間など、見た目も生き方も異なる多種多様な生命がいますが、細胞の中でやっていることの根源は同じだということです。だから、生命の統一原理と呼んでいます。

池上　一見バラバラに見える生命でも、その根本は共通であるということですか。

田口　それは、すべての生命は共通の祖先から生まれたことと関係はありますか。

池上　ありますす。共通の祖先から生まれたという出発点が同じだからこそ、他の見た目や機能が変わろうとも、セントラルドグマだけは変わらずに今に至っています。先ほどお話に出た遺伝子組換え作物も、どの生命もしくみが共通だからこそできる技術なのです。

田口　そうか、バクテリアでも植物でも、ＤＮＡが一緒なら作られるタンパク質は同じになるというわけですね。当たり前のように思っていましたが、よく考えたらすごいことです。

池上　そうですね。もちろん目には見えないので、普段の生活ではなかなかイメージしにくいと思います。でもセントラルドグマは、生命を理解するために必要な考え方です。遺伝子という情報を担うＤＮＡと、実際の機能を担うタンパク質の二つがつながると、生命の理解が大きく深まります。

田口　まずはＤＮＡからＲＮＡ、ＲＮＡからタンパク質という流れを知ってもらいたいと。

池上　極端に言えば、生命科学はセントラルドグマの流れがわかればいいのです。

タンパク質一つひとつの機能は違うし、タンパク質の機能や特定の生物の生態をいろいろ覚えようとすると、やはり暗記科目になってしまいます。でも、DNAからRNA、RNAからタンパク質というセントラルドグマの流れだけ理解して、その他の知識はその都度付け足していくという学び方でいいと思います。

（＊）１９４０年代から１９５０年代にかけて、生命科学に参入する物理学者が多くいた。これは、物理学者シュレーディンガーが１９４４年に書いた〝What is life?〟（邦題『生命とは何か』〈岩波文庫〉）に多くの物理学者が感化されたためである。遺伝などの生命現象を物理学の視点から論じており、70年以上も前に生命の本質に迫っていた名著である。

02-11 統一原理の前半では何が起きているのですか

池上　セントラルドグマでは、ＤＮＡからＲＮＡが作られるパートと、ＲＮＡからタンパク質が作られるパートと、大きく二つのパートに分かれていますね。

田口　そうです。最初の、**ＤＮＡからＲＮＡが作られるパートは「転写」**と研究者は呼んでいます（１３７ページの図）。英語で「transcription」と表現されていたものの日本語訳です。

池上　転写とは「書き写す」という意味ですよね。ＤＮＡの何を書き写すのですか。

田口　ＤＮＡは糖、リン酸、４種類の塩基からできているのですが、そのうち４種類の塩基の並びを書き写しています。書き写し方は基本的にはＤＮＡの複製のとき（75ページの図参照）と同じです。RNAではTの代わりにウラシル（U）という別の塩基が使われるので、AとU、CとGがペアとなり、DNAの塩基を鋳型として、RNAの塩基がつながることで写しを作ります。

池上　では、細胞分裂するときのDNAの複製とRNAへの転写は、何が違うのですか。

岩崎　DNAの複製は、人間なら約30億あるすべての塩基の並びをもう1セット作り出すことです。それに対して**セントラルドグマの転写は、必要なごく一部だけを書き写す**というイメージですね。

池上　転写では、必要な部分だけを書き写すと。そういえば、人間には遺伝子が約2万5000種類あると言っていましたが、RNAに書き写すときは、そのうち必要なものだけを選ぶということですか。

岩崎　そうです。必要な遺伝子だけを選んで、そこだけをRNAに書き写します。約2万5000種類の遺伝子があるということは、そこから作られるRNA、タンパク質も少なくとも約2万5000種類あるということです。でもタンパク質を作るときに、約2万5000種類全部の場所を毎回書き写しているわけではないのです（下の図）。たとえば、神経細胞では消化酵素を作る必要はないので、消化酵素遺伝子はRNAに転写されません。

田口　先ほど、タンパク質はアミノ酸というレゴブロックが集まったナノマシン、というお話がありましたよね。遺伝子は、タンパク質でどのレゴブロックを用意するかという設計データで、DNAはそのデータを紙に書いた設計図のようなものです。

池上　DNAから作りたいタンパク質の設

DNAからRNAへの転写はゲノム上の必要なところだけ行われる

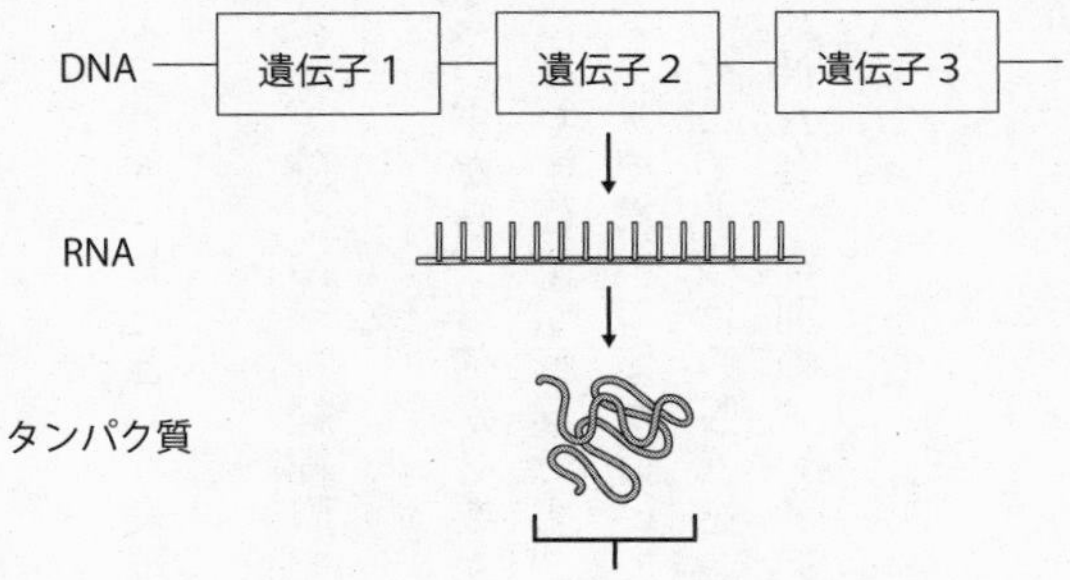

このタンパク質だけが必要なので、
遺伝子2以外の遺伝子からはRNAに転写されない

計データを抜き出して、紙に書き写したものがRNAである、ということですね。

田口　DNAとRNAはよく似ているので、そのまま書き写したという表現がぴったりですね。

池上　転写では必要なところだけを書き写していると。確かに、神経細胞で消化酵素を作っても意味がないですからね。

岩﨑　はい。2万5000種類ほどあるタンパク質の中から、今何が必要かを選んで、実際に作るものをいったんRNAに書き写す作業が転写です。

池上　たとえるなら、DNAは大事なオリジナルデータであって傷が付いてはいけないし、むやみに触らせるのもよくない。そこで普段はDNAを金庫にしまっておいて、必要なときにはいったんRNAという別のメディアに書き写す。そういうことですね。

02-12 エピジェネティクスとは何ですか

池上　先ほどの転写のお話では、必要なところだけDNAからRNAに書き写すと教えていただきましたが、どこを転写してどこを転写しないという指示はどうなっているのですか。

田口　実はそこは大きな研究分野の一つとなっているくらい複雑でよくわかっていないところなのですが、最近重要な発見が相次いでいます。

池上　そうなのですか。

田口　化粧《けしょう》によって人の印象が変わる、ということがありますよね。実はそれと似たようなことがゲノムでも起きているのです。環境によって化粧が変わり、同じゲノムでも違うように見え、転写の状況まで変わってしまうことがあるのです。

池上　どういうことでしょうか。

岩崎　一卵性双生児を例に挙げて説明します。一卵性双生児は、一つの受精卵が完全に二つに分かれてしまってそれぞれ一人の人間ができたものなので、遺伝子のすべて、すなわちゲノムが全く同じです。この一卵性双生児が同じ家庭で育ったなら、見た目はもちろんですが性格や考え方もよく似てくるというのは実感できると思います。

池上　そうですね。

岩崎　ところが別々の家庭で育てられると、性格や考え方が違ってくることが、いろんな国の追跡調査からわかっています。

池上　それは環境が違うから、でしょうか。

岩崎　そうです。でも、なぜ環境が違うと性格が変わるのか、という根本的な疑問は残ったままです。そこで、「遺伝子をどう使うか」というところが注目されるようになりました。同じ遺伝情報をもっていてもDNAからRNAが転写され、タンパク質に翻訳されるまでの過程が異なることがわかってきて、それを制御するしくみのことを「**エピジェネティクス**」と呼んで、研究が行われています。「エピ」は、ギリシャ語に由来する接頭辞で、「超えた」「上の」や「後の」というような意味です。つまり、DNAの配列だけで生命を説明する学問分野（遺伝学：ジェネティクス）では説明ができない、**「DNAの配列に変化がなくても転写や翻訳が変化する生命現象を調べる学問分野」**をエピジェネティクスと呼びます。

池上　DNAの配列だけですべて決まるわけではないと。

岩﨑　多くの人は、DNA配列だけで病気も性格も見た目もすべて決まるDNA配列至上主義のような印象をもたれるのですが、そうではないということです。究極的にはDNA配列で決まるところがあるけれども、環境によってどのくらいRNAが転写されるかどうかが変わり、その結果、タンパク質の量も変わってくる。それがかなり大事であると研究者の中では認識されています。

池上　遺伝子が活性化したり眠ったままになったりするかどうかは、環境によって影響を受けることがある、ということですね。

田口　それがゲノムの化粧、ということです（＊）。

池上　一卵性双生児で例を挙げてもらいましたが、同じ一人の人の中でもゲノムの化粧は変わるのですか。

岩﨑　はい、変わります。実は私たち全員〝化粧直し〟を経験しています。それは、受精卵から自分の体が作られているときです。受精卵という1個の細胞が分裂して増えていきますが、お母さんのおなかの中で、あるとき急に皮膚や神経、消化器官、骨など別々の細胞ができていきます。ゲノムの化粧が細胞ごとに変わり、転写される遺伝子の組み合わせが変わって翻訳されるタンパク質の種類や量が変わり、その結果、細胞の種類が変わるのです。**受精卵から体づくりが行われているときには、エピジェネティクスによるゲノムの化粧直しが大規模に起きています。**

池上　第1章の90ページ「01・17　クローン、ES細胞、iPS細胞とは何ですか」でカーテンの開け閉めにたとえていたものが、まさにエピジェネティクスなのですね。もう一つお聞きしたいのですが、エピジェネティクスによる化粧の変化は子どもに受け継がれるのですか。

田口　あり得る、ということが最近の研究からわかってきました。第二次世界大戦の末期にオランダで深刻な飢餓があり、その飢餓のときに妊婦だった人から生まれた子どもをずっと追跡調査している研究があります。他の地域で食料が豊富だった妊婦から生まれた子どもと比較すると、胎児期で飢餓を経験すると大人になってから肥満や糖尿病になりやすく、しかも代謝に関わる遺伝子で化粧が変わっていることもわかってきました。

岩﨑　この現象はマウスで再現できているので、確からしいと言えると思います。

池上　ちょっと前まで、**後天的に獲得した体の形質は遺伝しないと言われていたのに、最近ではものによっては遺伝するらしい**、という話になっているということですよね。

田口　その通りです。目からうろこです。今までの生命のセントラルドグマの考え方ではあり得なかったわけですから。

池上　獲得形質が遺伝するというのは、かつてソ連のスターリン政権下での生物学を彷彿《ほうふつ》とさせます。当時の生物学者トロフィム・ルイセンコは、秋に芽を出す冬小麦を低温処理すると春に芽を出すようになることを発見したのですが、「これは遺伝子が変化したものであり、その変化は遺伝する」と

エピジェネティクスによる転写のオンとオフ

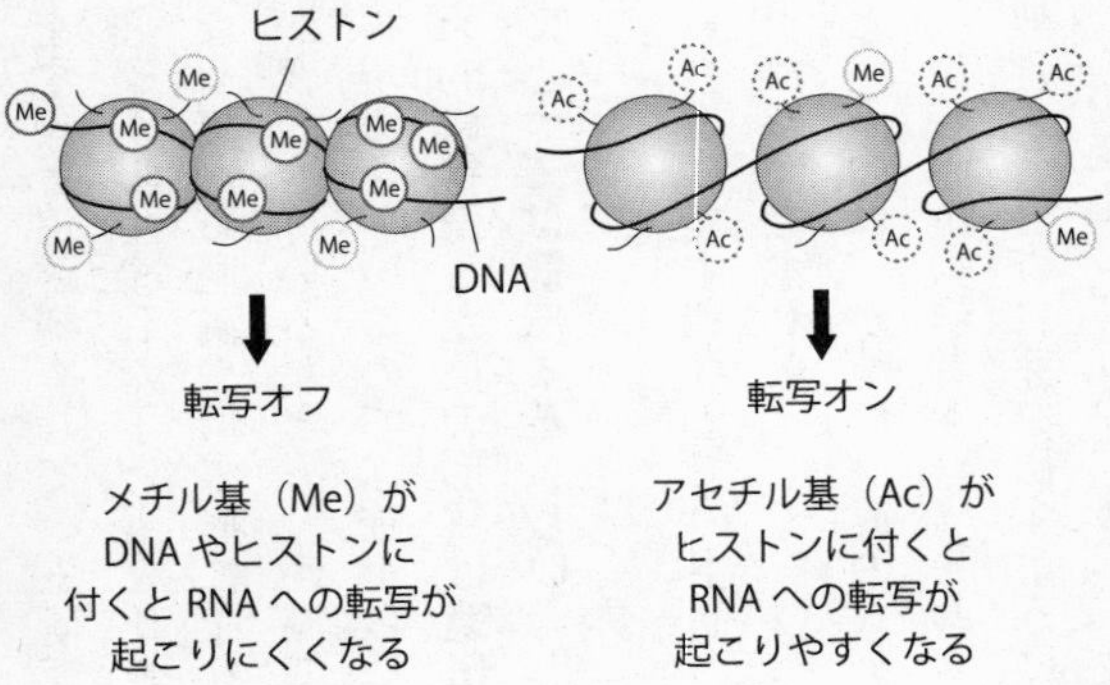
ヒストン
Me
Ac
DNA
転写オフ
転写オン
メチル基（Me）が
DNA やヒストンに
付くと RNA への転写が
起こりにくくなる
アセチル基（Ac）が
ヒストンに付くと
RNA への転写が
起こりやすくなる

主張しました。今ではトンデモ理論扱いですが、努力で遺伝子が変わり、その変化が後世に受け継がれるというのは、共産主義を掲げるスターリンにとって都合がよかったのです。

田口　政治利用したわけですね。

池上　そんなトンデモ理論が、最近になって一部は正しいかもしれない、獲得形質が遺伝することもあるらしいというのは、面白いですね。

田口　常識が変わるというのは、研究の世界ではよくあることですよ。

（＊）細胞の中では、DNAはヒストンというタンパク質に巻きついており、DNAやヒストンに「メチル基」というものが付く（メチル化する）とDNAやヒストンは強く巻きついてRNAへの転写が抑えられる。また、ヒストンに「アセチル基」という別のものが付く（アセチル化する）とDNAやヒストンの巻きつきが緩くなり、RNAへの転写が起こりやすくなる（右ページの図）。ここで示した以外にも、エピジェネティクスの制御のしくみにはいくつかの種類がある。

02-13 DNAとRNAと両方あるのはなぜですか

池上　セントラルドグマでは、DNAから一度RNAに転写されて、RNAからタンパク質に翻訳されるとお聞きしました。でも、なぜRNAが間に入るのですか。DNAとRNAが似ているのなら、どうしてどちらかに統一しなかったのですか。

田口　それは、使い分けているからです。DNAが質のいい紙だとしたら、RNAはぼろぼろの紙です。RNAは細胞の中ではすぐに分解されてなくなってしまうのです。

池上　すぐに分解されるRNAを使っているのはなぜですか。

田口　必要なタンパク質の種類や量は刻々と変化しており、いつまでもRNAが残っていると、タンパク質が必要以上に作られてしまい、細胞に悪影響が

出てしまいます。そのため、すぐに分解されるRNAを使うほうが都合がいいのです。

池上　だからRNAはすぐになくなるように、ぼろぼろの紙を使っていると。DNAとRNAとでは、ほかにどの部分が違うのでしょうか。

田口　DNAとRNAは似ていると言いましたが、厳密には少しだけ化学的な性質に違いがあります（下の表）。まず、DNAの構造は二重らせんですが、RNAは一《いっ》本鎖《ぽんさ》です。また、使われている糖と塩基が違います。これらの違いが、**RNAは分解されやすい**という特徴につながります。私たちは、分解されやすいことを

DNAとRNAの違い

	DNA	RNA
構造	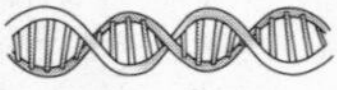 二重らせん	 一本鎖
塩基	A,T,G,C	A,U,G,C
糖の種類	デオキシリボース	リボース
安定性	分解されにくい	分解されやすい

「不安定である」と表現します。

池上　ということは、DNAは逆にとても安定しているということですね。

岩﨑　そうです。遺伝情報を担う物質がそう簡単に分解されては困るので、分解されにくいDNAが採用されました。その一方で、タンパク質を作るときには分解されやすいRNAを間にはさむことで、いろんな種類のタンパク質を必要に応じて必要な量だけを作ることができるのです。

池上　ここを聞くだけでも、よくできたしくみだと感心してしまいます。

02-14 DNAの95パーセントは無駄ですか

池上　DNAのうち、タンパク質を作るための情報を担っている部分が遺伝子であるとのことでした。人間の場合、遺伝子は約2万5000種類あるということですが、どういう順番で並んでいるのですか。

田口　順番はあまり関係ないですね。それどころか人間の場合、遺伝子ではないところ、つまりタンパク質の情報が含まれていないところがほとんどです。

池上　遺伝子を担っている部分は、全体のうちどれくらいなのですか。

田口　だいたい3~5パーセントぐらいしかないと考えられています。

池上　たった5パーセントですか。

田口　一見すると、本当に無駄なところばかりですね。残り95パーセント以上のDNAはどうしてあるのか、わからない部分が膨大にあります。

池上　どうして、そんなに無駄なところばかりなのですか。

田口　バクテリアは逆に無駄なところがほとんどなく、遺伝子がぎっしり詰まっています（下の図）。無駄がないと言えば聞こえはいいですが、余裕がないとも言えます。

池上　DNAにも余裕が必要ということですか。

田口　第4章で詳しく説明しますが、**余裕がないと多様性が生まれない**のです。余裕があることでいろいろ試すことができるようになり、新しい機能や生命が生まれやすくなるのです。

池上　では、無駄だと思われていたところでも、何か機能をもっているということですか。

田口　遺伝子からタンパク質を作るときの調節に

バクテリアとヒトの遺伝子の配置のイメージ

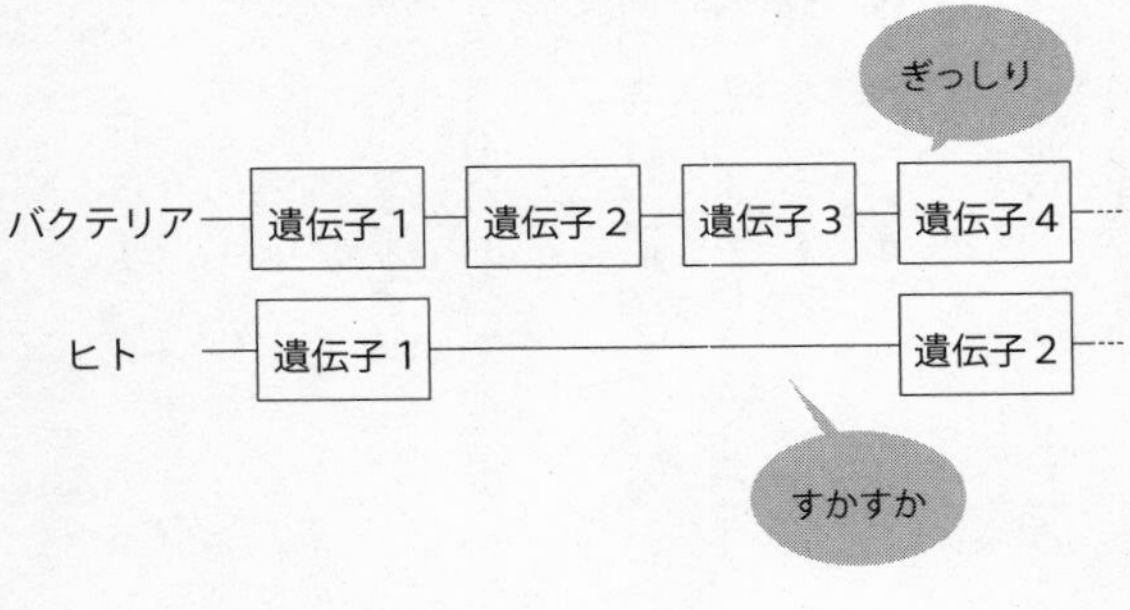

関わっているものがあります。今までは無駄だと思われていたところも、実は重要であったというところが多く見つかっています。決して無駄ではなく、宇宙でいう暗黒物質（ダークマター）や暗黒エネルギーのように、存在するけどどう機能するのかわかっていないというのが実際のところですね。

池上　今の知見だけでわかったふりをしていても意味がないと。自然に対して畏《おそ》れ多いとはこのことかもしれませんね。

田口　最近になってわかってきたことの一つは、**ＤＮＡ内の遺伝子が見つからない部分でも、実はＲＮＡまで転写されているところが多くあるということ**です。タンパク質には翻訳されないけれども、ＲＮＡだけで何らかの機能をもつものも見つかっています（＊）。

池上　まだまだ見つかっていない現象があるということですよね。

田口　そのとおりです。今までは調べる方法がなかったというだけですが、今は解析《かいせき》技術がずいぶん進んできました。ＤＮＡの配列を安く、大量に一気に読む技術がどんどん進んでいますし、ＲＮＡやタンパク質の研究でも同じことが起こっています。

（＊）タンパク質に翻訳されないRNAはノンコーディングRNAと呼ばれている。タンパク質に翻訳される部分をコード領域と表現するのに対して、タンパク質をコードしていないという意味でノンコーディングと呼ばれている。ノンコーディングRNAは、他のRNAに作用してタンパク質への翻訳を阻害するなど、さまざまな機能があると考えられており、ひとつの大きな研究分野となっている。

02-15 統一原理の後半では何が起きているのですか

池上　タンパク質を作る情報はＤＮＡにあって、まずはＲＮＡに書き写されると。そこから先はどうなるのですか。

田口　**ＲＮＡからタンパク質が作られる**パートに移ります。そのパートは「**翻訳**」と呼ばれています（１３７ページの図）。これも、英語で「translation」と表現されていたものの日本語訳です。

池上　どうして translation、翻訳という表現が使われているのですか。

田口　ＤＮＡとＲＮＡは「核酸」という同じ種類の分子なのですが、タンパク質はアミノ酸という、まったく別の種類の分子がつながったものです。**ＤＮＡとＲＮＡは設計図という図面であるのに対して、タンパク質はレゴブロックがつながったナノマシンです。**そこに大きな質的変換があるということで、「翻訳」という表現になりました。

池上　翻訳というと、日本語から英語に訳したり、英語から日本語に訳したりと、言語で使う印象が強いのですが。

田口　そうですね。もう少し実態に近いたとえは、0と1からなる電子データから、文字や音を作る手順になると思います。実際、DNAとRNAは4種類の塩基の並び方が重要になるのですが、それが0と1の電子データに相当します。私たちはそれを見ても理解できませんが、コンピューターが変換して画面に表示されれば、その文字を読めたり音楽を聴けたりします。これと同じように、**RNAという電子データを変換すると、そこにはアミノ**

RNA の塩基はアミノ酸の並び方が記載されているデータ

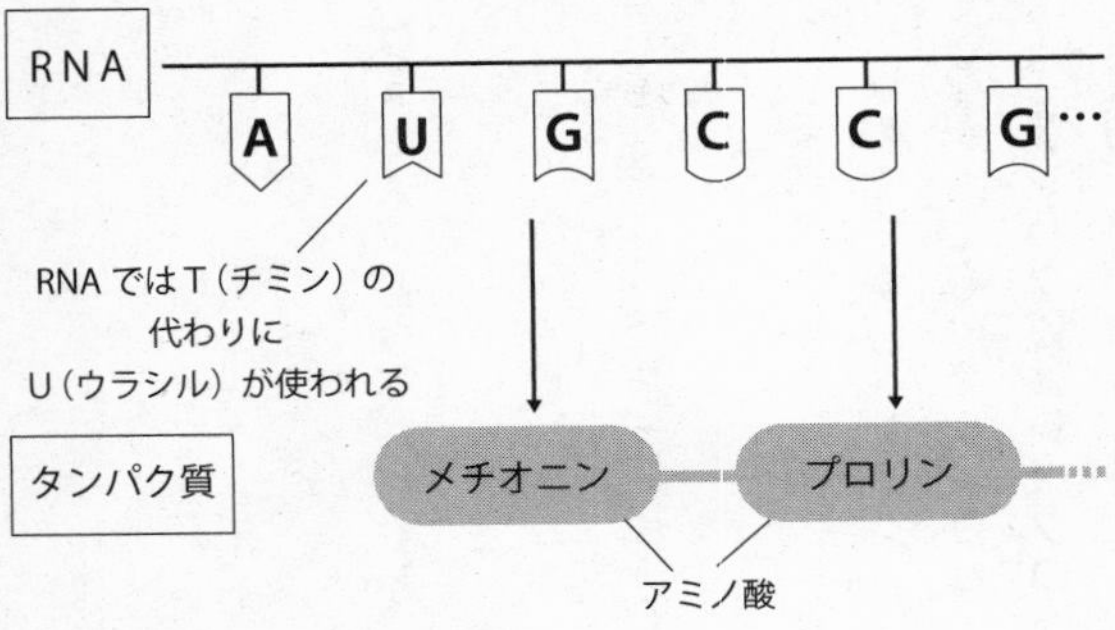

酸というレゴブロックの並び方が記載されている、ということです（右ページの図）。

池上　電子データが変換されるというのはイメージしやすいですね。

02-16 タンパク質はどこで作られているのですか

池上　RNAからタンパク質への変換は、どこで行われるのですか。

岩崎　細胞の中にある「リボソーム」という装置で行われます。アミノ酸というレゴブロックが一列につながったものがタンパク質ですが、**RNAの情報を元にしてアミノ酸をつなげる装置がリボソーム**です（左ページの図）。

池上　アミノ酸は20種類あって、それを順番につなげているということですか。

岩崎　そうです。アミノ酸をどうつなげるかが設計データそのものであり、それがDNAやRNAの塩基の並び順となっているのです。

池上　RNAの塩基の並び順を見て、アミノ酸をつなげる場所はリボソームであると。**リボソームはタンパク質の組立工場**といったところでしょうか。

岩崎　リボソーム自体も、多数のタンパク質とRNAが集まった構造体ですから、タンパク質がタンパク質を作っているということになりますね。

池上　もし、リボソームでタンパク質の合成を阻害したらどうなりますか。

岩﨑　生命活動に必要なタンパク質が作れなくなるので、細胞は死んでしまいます。それを応用したものがある種の抗生物質で、バクテリアのリボソームの機能を阻害します。

池上　でも、セントラルドグマはどの生命にも共通の統一原理であって、リボソームもどの生命にもありますよね。その抗生物質は人間のリボソームに害はないのですか。

岩﨑　人間のリボソームとバクテリアのリボソームは、構造がわずかに違うのです。その違うところを抗生物質はターゲットにしています。

RNAの塩基の並びを元にアミノ酸をつなげるのがリボソーム

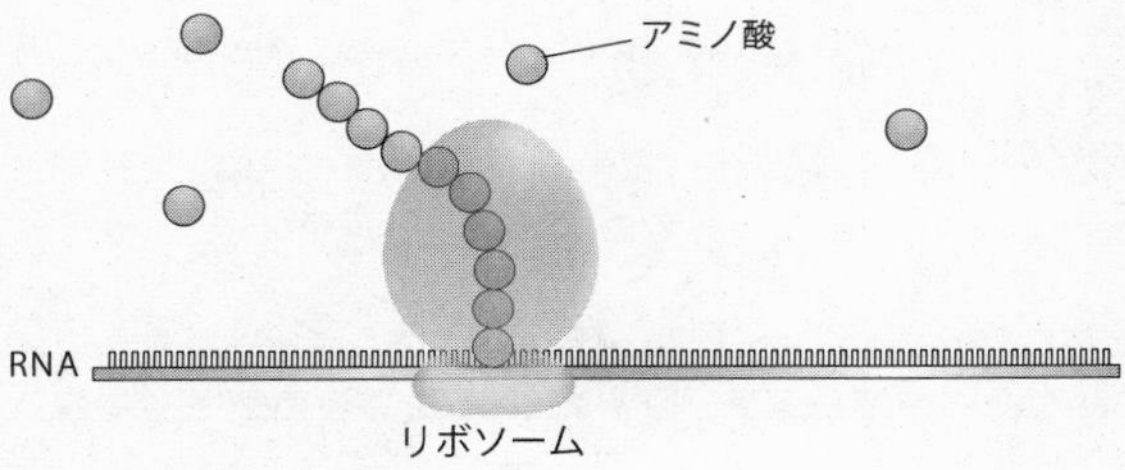

抗生物質は、バクテリアのリボソームに結合して機能をストップできるけれども、人間のリボソームには結合できません（下の図）。

池上　**リボソームでタンパク質を作るのはどの生命にも共通だけれども、リボソームの構造には少しだけ違いがあるというわけですね。**抗生物質は、その違いを利用していると。まったくうまくできていますね（＊）。

（＊）すべての抗生物質がリボソームに作用するわけではない。バクテリアのＤＮＡやＲＮＡ合成を阻害するもの、細胞壁（細胞膜の外側にある硬い殻）の合成を阻害するものなど、抗生物質の種類によって作用する場所が異なる。

バクテリアのリボソームの機能をストップさせる抗生物質

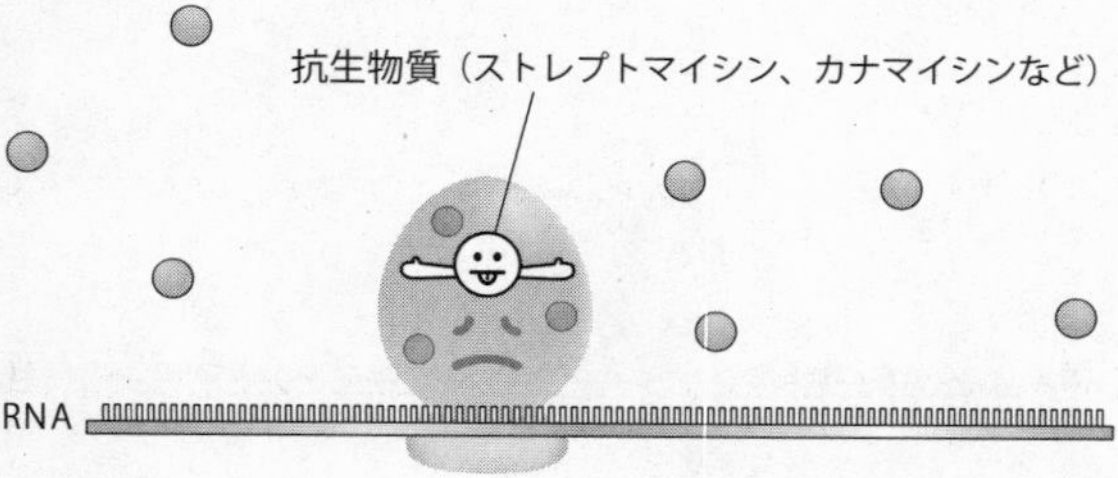

02-17 タンパク質はどのようにして作られているのですか

池上　RNAからタンパク質への翻訳は電子データの変換のようなものだという話でしたが、リボソームではどのような変換作業が行われているのですか。

岩崎　そこが生命科学の大きな問題であり、かつて多くの研究者を虜《とりこ》にしてきました。DNAやRNAに使われているのは4種類の塩基です。いわば、記号が4種類しかない。ところが、タンパク質で使われるアミノ酸は20種類もある。4種類の記号を、20種類のアミノ酸に対応させるためにはどうすればいいのかというのが、変換作業における大きな謎でした。

池上　コンピューターなら0と1の組み合わせでやっていますよね。

岩崎　考え方はほぼ同じです。0と1という2種類しかなくても、二つ組み合わせれば00、01、10、11という4種類の情報に対応させることができます。

同じように、RNAでは4種類の塩基を組み合わせて20種類のアミノ酸を対応させています。

池上　今の説明では、二つ組み合わせると4×4＝16で、20種類を対応させることができないのですが。

岩﨑　そこで三つ組み合わせると考えれば、4×4×4＝64で十分足ります。そこで理論上の予想としては、少なくとも三つ以上の組み合わせで対応させているだろう、ということになります。実際に実験で確かめてみると、連続する三つの塩基が一つのアミノ酸に対応していることがわかったのです（左ページの表）。このように**一つのアミノ酸を指定する三つのRNA塩基の並び（配列）のことをコドンと呼びます。**

池上　4×4×4＝64だとすると、20種類よりもずいぶん増えてしまいますが問題ないでしょうか。

岩﨑　一つのアミノ酸に対応する塩基の並びには複数ある、つまり重複しているのです。生命としては、それでも問題ないということだったのでしょう。コドンを研究した人たちには、1968年にノーベル生理学・医学賞が与

RNAの三つの塩基が一つのアミノ酸（122ページに表あり）に対応する（コドン表）

2文字目

1文字目	U		C		A		G		3文字目
U	UUU	Phe	UCU	Ser	UAU	Tyr	UGU	Cys	U
U	UUC		UCC		UAC		UGC		C
U	UUA	Leu	UCA		UAA	終止	UGA	終止	A
U	UUG		UCG		UAG		UGG	Trp	G
C	CUU	Leu	CCU	Pro	CAU	His	CGU	Arg	U
C	CUC		CCC		CAC		CGC		C
C	CUA		CCA		CAA	Gln	CGA		A
C	CUG		CCG		CAG		CGG		G
A	AUU	Ile	ACU	Thr	AAU	Asn	AGU	Ser	U
A	AUC		ACC		AAC		AGC		C
A	AUA		ACA		AAA	Lys	AGA	Arg	A
A	AUG	Met	ACG		AAG		AGG		G
G	GUU	Val	GCU	Ala	GAU	Asp	GGU	Gly	U
G	GUC		GCC		GAC		GGC		C
G	GUA		GCA		GAA	Glu	GGA		A
G	GUG		GCG		GAG		GGG		G

RNAでは、AのペアとしてTではなくUを使う。
「終止」はそこでタンパク質の合成を終了するという情報になる

えられています。非常に重要な研究テーマだったということです。

池上　まるで暗号を解読するかのようですね。

岩﨑　はい、コドンというのはコード、すなわち暗号からきています。

池上　この暗号表は、すべての生物で共通なのですか。

岩﨑　どの生物でも基本的には同じです。大腸菌も人間も同じ暗号を使っているということですね（＊）。

池上　大腸菌も植物も昆虫も人間も、同じ4種類の記号、同じ暗号表を使っていて、共通の20種類のレゴブロックで体を動かしているということですか。よく考えると衝撃的ですね。

田口　もし、その暗号表が生物によって違っていたら、祖先が別々だった可能性があります。でも今のところ、**どの生物も暗号表が同じ**なのです。それは、すべての生物の祖先は共通であるという考えの元になっています。

池上　どの生物も同じ暗号表を使って、セントラルドグマという同じしくみがあるということは、生命にとってよほど重要なものだということですね。

岩﨑　第1章「01 - 12　DNAはなぜ二重らせん構造をしているのですか」で、

「4種類の塩基の並び方が重要」と言った理由がここです。セントラルドグマを通じて、DNAの塩基の並び（塩基配列）がRNAに転写されてタンパク質に翻訳され、タンパク質は多くの生命現象を担います。つまりタンパク質の原点は、DNAの塩基配列です。親から子には、精子と卵子に含まれているDNAが受け継がれるので、DNAの塩基配列こそが遺伝情報であると言えます。

（＊）一部の単細胞生物やミトコンドリアでは、ほんの少しだけ暗号が異なるコドンが使われていることがわかっている。

02-18 タンパク質はどのようにして紐から立体になるのですか

池上　RNAからタンパク質に翻訳されるとき、アミノ酸がつながればタンパク質としてすぐに機能し始めるのですか。

田口　いいえ、リボソームで起きているのは、アミノ酸を順番につなげるだけです。できあがった直後のものは、真っ直《す》ぐな1本の紐みたいなものです。

池上　紐ですか。回転したり歩いたりするタンパク質は立体的に見えましたが。

田口　あれらも最初は1本の紐でした。**紐が立体的に折りたたまれることで、初めてタンパク質として機能するようになるのです。**

池上　紐が立体的に折りたたまれるというのはにわかに信じがたいのですが、うまくいくものなのですか。

田口　ある程度は自動的に折りたたまれます。アミノ酸には、水に溶けやすいものと溶けにくいものとがあります。水に溶けにくいアミノ酸は、油のようなものです。水の上に油を落とすと油だけが集まるように、水に溶けにくいアミノ酸同士が自然と集まります（下の図）。

池上　なるほど。うまくできたしくみがあるわけですね。

田口　ただ、紐同士が無秩序に絡み合うと最終的に正しい立体構造になりません。

池上　一度絡まってしまうと、もうどうしようもないのですか。

田口　ゆで卵を例に考えてみましょう。ゆで卵は、加熱したことで立体的なタンパク質の形が崩れて、紐が絡まってしまった状態なのです。タンパク質一個一個は目に

水に溶けにくいアミノ酸同士が自然と集まる

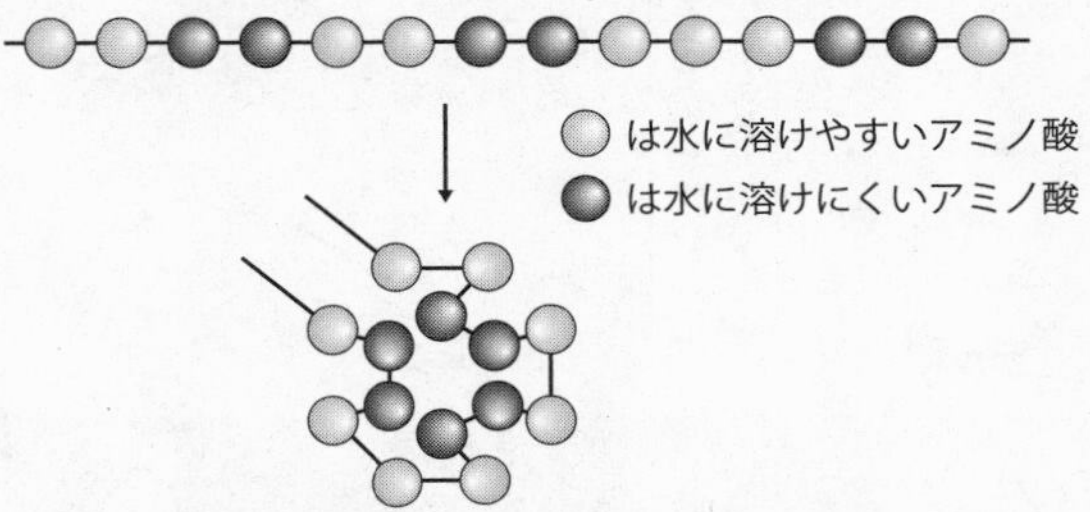

細胞内は基本的に水なので水に溶けにくいもの同士が中心に集まり
水に溶けやすいものが表面を覆う

見えないほど小さいのですが、それらが絡まるとゆで卵のような状態になってしまうのです（下の図）。

池上　ゆで卵から生卵に戻れないように、一度絡むと駄目になるのですね。

田口　だから何としても、**紐同士が絡み合う前に正しい形に折りたたまれる必要があります。その作業をサポートするのが「シャペロン」というタンパク質です。**

池上　タンパク質を作るリボソームもタンパク質だし、タン

ゆで卵はタンパク質の紐が絡まったもの

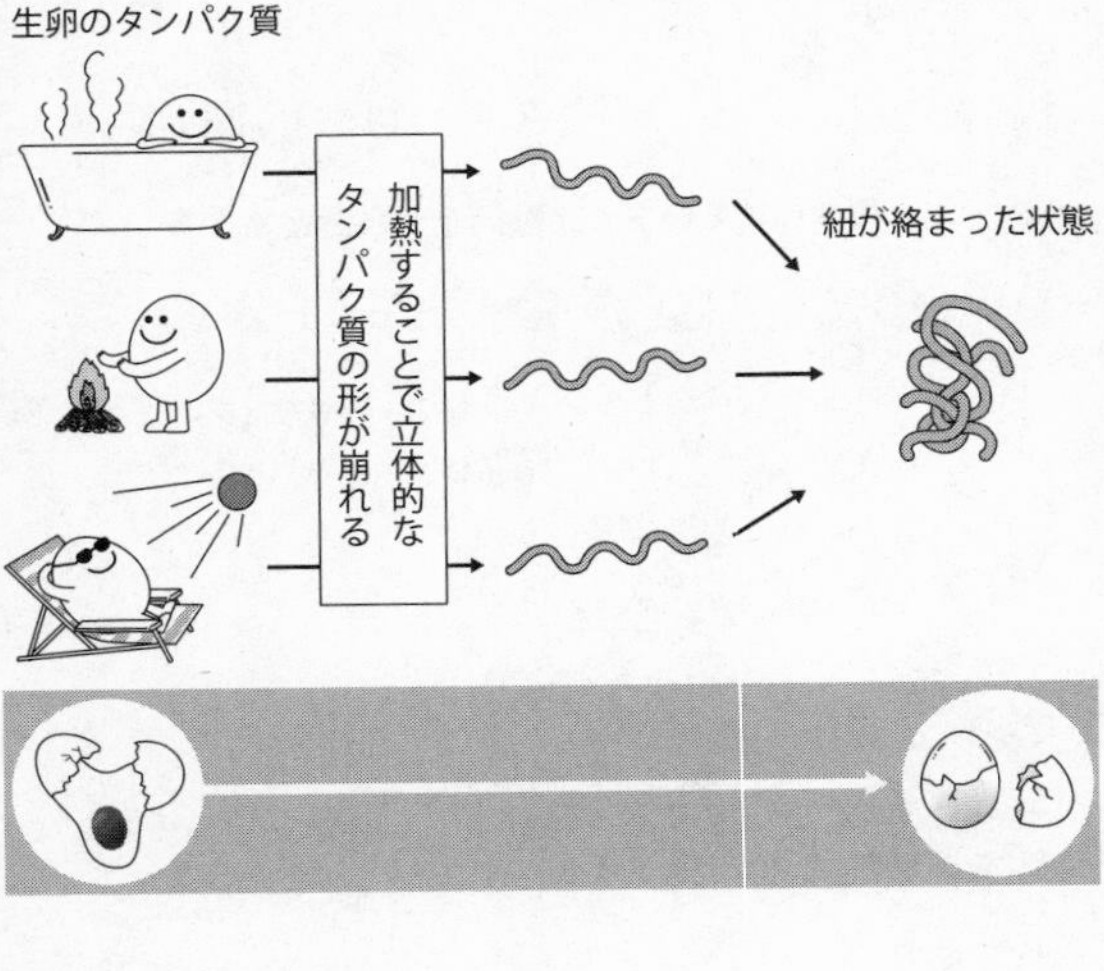

パク質を正しい形に組み立てるのもタンパク質ですか。タンパク質は本当に何でもやっていますね。

田口　シャペロンというのは、もともとはヨーロッパで、社交界にデビューするレディが一人前になるのを助ける年上の貴婦人のことをそう呼んでいました。放っておくと一人前になれず、周りにも一人前でない人たちがいると、その人たちだけで集まってしまい、いつまでたっても一人前になれません。

池上　そういう半人前の人たちから切り離すわけですか。

田口　本当に切り離すイメージで、紐だけを隔離して一人前に育てるのです。実際のシャペロンの一つは、フタの付いたカゴのような形をし

タンパク質はシャペロンの中で大切に育てられる

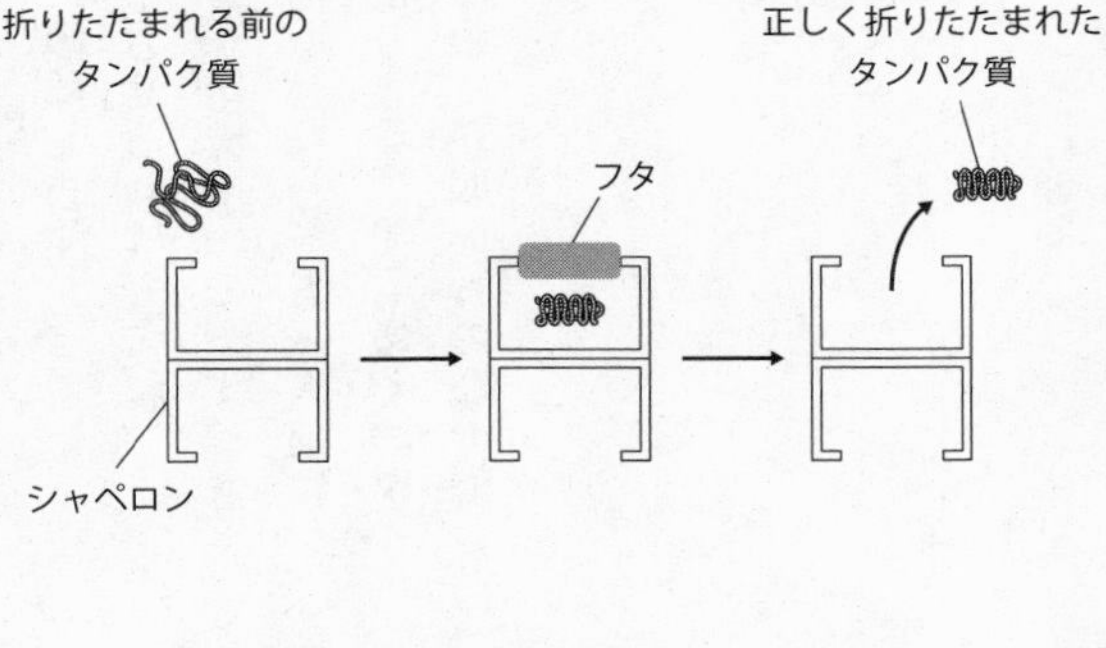

ています（前ページの図）。カゴの中に、折りたたむべきタンパク質だけを入れてフタをして、周りの分子に触れないように隔離します。

池上　深窓の令嬢ですね。大事に育ててから社会デビューさせるわけですね。

田口　きちんと保護しないと一人前になれないタンパク質が結構多いのです。もちろん、中にはたくましいタンパク質もあって、何もしなくても一人前になれる、つまり正しい形に折りたたまれるものもあります。でも多くのタンパク質は、シャペロンで大事に育てないといけない、か弱いものなのです。

02-19

アルツハイマー病は異常な形のタンパク質によって起きる？

池上　タンパク質の折りたたみを助けるシャペロンですが、シャペロン自体がおかしくなったらどうなるのですか。

田口　タンパク質が正しい形にならず、悪影響が現れます。タンパク質が間違った形になると何もしないどころか、他のタンパク質に悪影響を与え、病気と関係する場合もあることがわかっています。アルツハイマー病、パーキンソン病も、**異常な形のタンパク質が病気に深く関わっています。**

池上　BSE（牛海綿状脳症、いわゆる狂牛病）の原因もタンパク質が関係していますよね。

田口　そのタンパク質は「プリオン」ですね。**BSEやクロイツフェルト・ヤコブ病は、異常な形のプリオンが増えることが原因です。**

池上　不思議なものですよね。病気とは細菌やウイルスによって起きるものだと思っていたら、異常な形のタンパク質によっても起きるというのですから。

田口　タンパク質だけで起きるというのは、研究者にとっても最初は信じられないことでした。異常プリオンが増える原因には、細菌やウイルスが関わっているはずだと思い込まれていました。セントラルドグマは、タンパク質が増えるためにはRNAが増えなければいけない、そしてRNAが増えるためには元となるDNAが存在しなければいけないという理論ですから。

池上　プリオンはそうではなかったと。

田口　セントラルドグマ自体はもちろん正しい理論です。タンパク質は最終産物だから、プリオン自体が増えるわけではありません。ところが異常な形をしたプリオンが、正常な形のプリオンに作用して、異常な形に変えてしまう

異常な形のプリオンが正常な形のプリオンを異常な形に変える

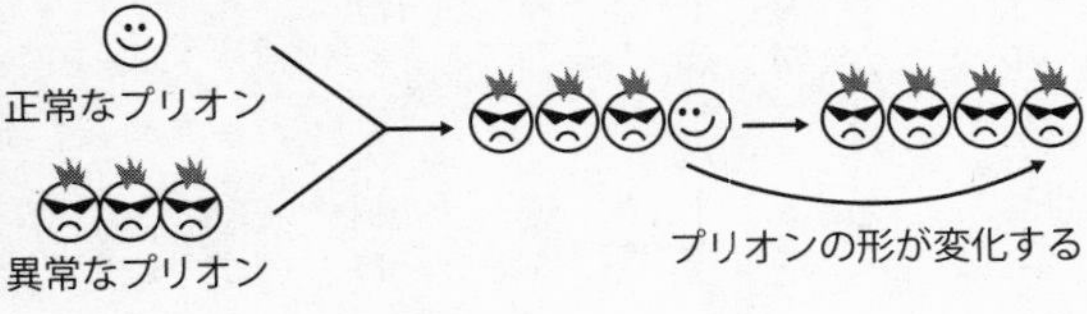

のです（右ページの図）。しかも元の正常な形に戻らない。そうして増えた異常プリオンが関与して脳の神経細胞を殺してしまって、いずれ死に至るのがBSEやクロイツフェルト・ヤコブ病です。まとめると、タンパク質の折りたたみを助けるのがシャペロンで、タンパク質の形の異常は病気につながります。

池上　田口先生は、実はシャペロンの研究をされているのですね。

田口　はい。シャペロンは先に述べたように、タンパク質が生まれてから一人前になるときだけでなく、ストレスでおかしくなりそうなとき、さらには最後に死に至るまでの「ゆりかごから墓場まで」いつもタンパク質の面倒をみていることがわかってきました。老化などに伴ってシャペロンの能力が下がることがタンパク質の折りたたみの異常につながり、アルツハイマー病やパーキンソン病、さらにはプリオンにも関係していますし、どんどん分野が広がっています。さらに面白くなっているという印象です。

池上　タンパク質によっていろいろな病気が起きるということがわかってくると、医学部とはまた違う方法で病気の原因を解明できるようになりますね。

田口　そう思います。私は医者ではないので医学部で学ぶような勉強はしてこなかったのですが、生命科学のタンパク質の部分を突き詰めて研究していくと病気にもつながります。そうすると、医者にはできないアプローチで病気を知ることができるのです。私としては、生命の不思議、タンパク質の不思議をシャペロンという側面から調べたいというのが基本的な考えです。病気を知ること自体が目的ではないのですが、シャペロンの研究が結果として、医学を含めたいろいろな分野に波及していると実感しています。たとえば、シャペロンのはたらきを抑える分子には抗がん剤として使われるものもあるんですよ。

02-20 タンパク質の薬はどうして高額なのですか

池上　タンパク質の研究が病気の原因解明や治療につながるといえば、2018年にノーベル生理学・医学賞を受賞した京都大学特別教授の本庶佑先生が開発したがんの薬「オプジーボ」（一般名はニボルマブ）、あれもタンパク質ですよね。

田口　抗体と呼ばれているタンパク質の一種です。

池上　あれはどういった薬なのですか。

田口　がん細胞は免疫細胞にブレーキをかけて免疫から逃れることができるのですが、オプジーボはそれを防ぎ、免疫細胞ががん細胞を攻撃できるようにします。がん細胞が免疫細胞にブレーキをかけるタンパク質のことを免疫チェックポイント分子と呼ぶため、オプジーボは免疫チェックポイント阻害薬と呼ばれています。

池上　オプジーボは薬としての効果だけでなく、値段の高さも注目されました。発売された最初のころは、1年間使うと3500万円もかかって、今でも1000万円くらいかかります。なぜあんなに高いのですか。

田口　作るのがとても大変なんです。いま出回っている薬の多くは、通常の抗がん剤を含めて低分子医薬品というもので、小さい分子です。低分子にはいろいろな種類があって、ライブラリーというカタログみたいなものの中から薬になりそうなものを探します。そうやって薬を開発するのが、一昔前からのやり方でした。

池上　オプジーボは違うのですか。

田口　オプジーボは抗体医薬品というもので、タンパク質でできているので低分子医薬品よりもサイズがずっと大きいのです。現在、**抗体は動物の培養細胞を使って作るしかなく、培養や精製の手間がすごくかかるので、どうしても値段が高くなってしまいます。**

池上　そうなると、富裕層だけが治療を受けることができて、貧困層は受けられないという格差が生まれますよね。

田口　そこは難しいところです。よく効く薬を作ることができても、それを多くの人に行き渡らせることができないというのは医学として矛盾しますね。

池上　オプジーボは、日本では一部のがんに対して保険を適用できますが、そうすると今度は医療費の財源を圧迫してしまう。かといって薬価を下げすぎると製薬会社が儲からなくなって、リスクを負ってまで新薬を開発しようとするインセンティブがなくなる問題が出てきます。

田口　薬を一つ出すのに莫大な時間もお金もかかりますから。

池上　一つの薬を開発するのに数百億円もかかるとよく言われています。でも、最初は高いけれども、抗体医薬品も時間が経てばジェネリック医薬品が出てきて普通の人でも手を出しやすくなるのではないですか（＊）。

田口　どのみち培養細胞に作らせるので、そこまで極端に安くならないのではないか、と思います。

池上　これからタンパク質が薬になる、ということは増えてくるのですか。

田口　そのための研究はかなり進んでいます。私たちが今タンパク質と呼んでいるものは、何らかの生物がもつDNA配列をもとに作られたタンパク質のことを言っているのですが、タンパク質とはそもそもアミノ酸がつながったものです。ということは、**人工的にアミノ酸をつなげれば人工タンパク質と呼べるようなものを作ることができ、その中には今までにない機能をもっているタンパク質があるのかもしれません。**最近ではこうした方法で合理的にタンパク質をデザインできるようになっていて、それは新しいブレイクスルーになると予感しています。

池上　それが実現できたらどのようなことが起こりそうですか。

田口　たとえば、オプジーボのような抗体医薬品はサイズが大きいので培養細胞を使わないと作れないのですが、同じ効果をもつタンパク質でもう少し小さいサイズにできれば、バクテリアで作らせることができるようになります。そうなれば薬の値段はかなり下がります。もちろん、今までにない薬を作ることだってできるかもしれません。

池上　研究者にはがんばってほしいですね。

田口　それが研究者だけの努力ではないんですよ。タンパク質をどうデザインするかをゲーマーに任せてみたという論文もあるのです。

池上　ゲームですか。

田口　新しいタンパク質をデザインしてください、というのをオンラインゲームの中に実装させたのです。タンパク質は正しく折りたたまれることが重要ですが、折りたたまれ方をスコアとして算出すると、ゲーマーはハイスコアを狙おうとして競い合うのです。

池上　人間のゲーマーをバクテリア代わりに使うようなものですね。スコアが出るなら一所懸命やろうという気になります。

田口　しかもスパコンで計算させるよりも、人間のゲーマーのほうが高スコアになる場合もあるようです。人間はゲームであれば思い切ったことができる一方で、コンピューターは意外とそういうことをしないようで、面白い違いがあると思いました。

池上　でも最近の人工知能（ＡＩ）はすごいですよ。

田口　そうですね。グーグル社が買収したディープマインド社は、囲碁《いご》の人工知能「AlphaGo（アルファ碁）」で囲碁の世界チャンピオンを次々と打ち負かしましたよね。実はディープマインドが次に乗り込んできたのがタンパク質の立体構造予測で、「AlphaFold（アルファフォールド）」というAIです。現状はまだ基礎研究の段階のようですが、その先には間違いなく薬作りを視野に入れていると思います。

池上　ここでもグーグルですか。海外IT企業勢はとんでもないですね。

田口　アメリカではまた違った破格の研究があります。2000年ごろの話になりますが、アメリカにデビッド・ショー氏という資産家がいて、金融《きんゆう》で大儲けしたお金を使って計算生化学の研究所を自ら立ち上げました。その研究所は、分子動力学法という、コンピューター上でタンパク質を原子レベルで動かすというシミュレーションに特化した研究所です。当時は、タンパク質の動きをシミュレーションできるのは1マイクロ秒程度という短さでしたが、ショー氏は専用のスパコンを作って1ミリ秒という、今までより1000倍長い時間でシミュレーションできるようにしてしまったのです。そうすると、見える世界が変わります。そして今、製薬会社がそのスパコンを使わせてもらうためにショー氏の研究所にお金を払っています。

池上　それと同じように、ディープマインドのAlphaFoldもお金になりそうだと。

田口　将来性があるでしょうね。

池上　ということは、いずれはグーグルが薬を作る。

田口　十分あり得る話ですよ。

池上　グーグル製薬だ。

田口　グーグルは資金力で桁違いだし、優秀な研究者をどんどんリクルートしています。

池上　労働条件もいいしね。六本木にあるグーグルジャパン本社に行ったことがあるのですが、富士山が見えるし勤務時間中に卓球台で自由に遊んでいいし、社員食堂は全部無料。福利厚生がすごいんですよ。

田口　多分、それくらいの社員手当は安いものだろうと思っているのではないでしょうか。タンパク質の薬作りがうまくいけば、人類の健康長寿に大きなインパクトをもたらすだけでなく巨額の利益をもたらしますから。

（＊）低分子医薬品の後発品をジェネリック医薬品と呼ぶのに対して、抗体医薬品の後続品は正確にはバイオシミラーと呼ばれる。

02-21

細胞の中でタンパク質はリサイクルされているのですか

池上　食べ物に含まれているタンパク質は一度アミノ酸にまで分解され、そしてセントラルドグマの流れに従って細胞内で新しくタンパク質が作られることを知りました。ところで、細胞内で新しく作られたタンパク質は、そのまま残り続けるのでしょうか。それとも、細胞内のタンパク質も分解されるのでしょうか。このことについて、ご専門の大隅良典東工大栄誉教授にお話を聞いてみましょう。

大隅　その疑問は、ここ20年ほどで注目されてきた課題です。確かに、タンパク質がどのように作られ、どこで機能するのかという研究はずいぶん進みました。でも、タンパク質はできたら終わりではありません。**タンパク質の寿命を知り、役目が終わったタンパク質がどのように分解されるかが大き**

な問題として残っているのです。

池上　タンパク質の寿命はどれくらいなのですか。

大隅　タンパク質によって異なります。数分で分解されるものもあれば、数カ月以上も分解されないものもあります。

池上　細胞内のタンパク質も、分解されればアミノ酸になりますよね。ということは、食べ物から摂取するタンパク質だけでなく、すでに細胞内にあるタンパク質もアミノ酸の供給源になるのでしょうか。

大隅　そのとおりです。人間は毎日約80グラムのタンパク質を食べる必要があるというのが、栄養学の常識です。もちろん、タンパク質そのものが必要なのではなく、タンパク質の構成要素であるアミノ酸の摂取が目的です。

池上　アミノ酸がつながったものがタンパク質であり、アミノ酸は自分の中でタンパク質を作るときのパーツになりますからね。

大隅　ところが私たちの体の中では、毎日約300グラムのタンパク質が作られていると推測されています。つまり、毎日300グラムのアミノ酸が必要なのに、外から供給されるのはたった80グラムです（次ページの図）。

池上　では、残りの220グラムはどこから調達するのですか。

大隅　細胞内のタンパク質を分解して調達しているのです。すでにあるタンパク質をアミノ酸に分解し、新しいタンパク質を作るために、そのアミノ酸を再利用しているのです。いわば、**アミノ酸のリサイクル**です。

池上　そうしないと、毎日300グラムのタンパク質を食べる必要が出てしまうのですね。今の必要摂取量の4倍近くですか。

大隅　そうなってしまいます。ところがそうなっていないのは、食べ物から取り出したアミノ酸だけでなく、細胞内のタ

1日あたりのタンパク質合成の材料となるアミノ酸の配給源

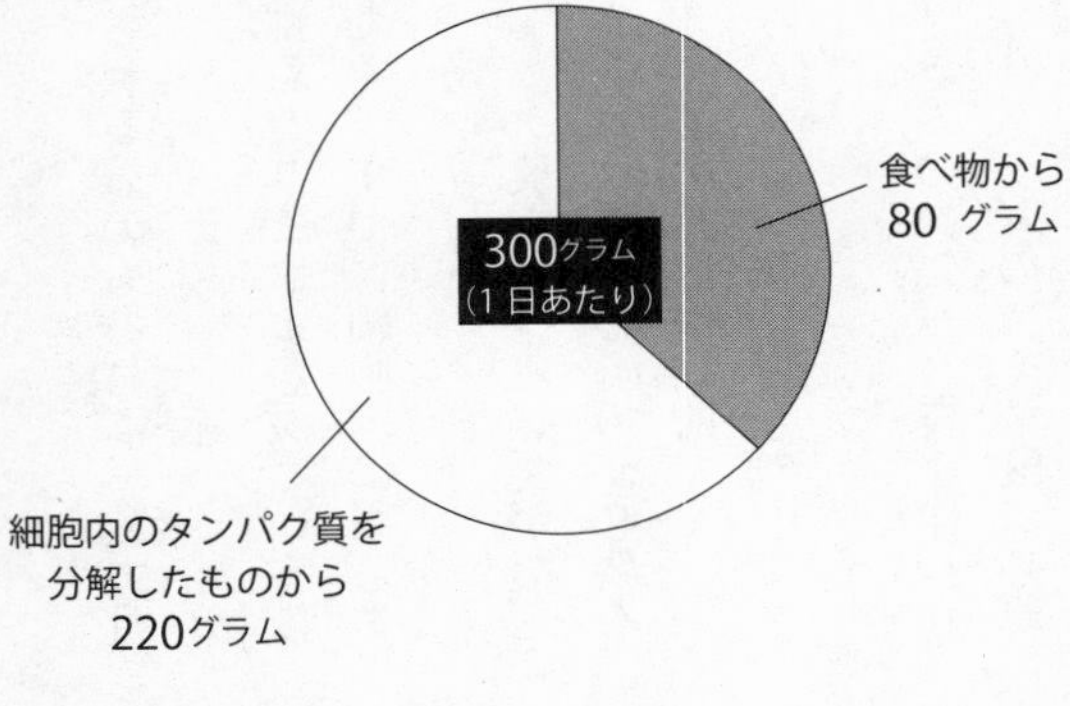

ンパク質を分解して得られるアミノ酸の両方を使って、タンパク質合成の材料にしているからです。

池上　**体外と体内という二つのルートからアミノ酸を調達している**のですね。

大隅　逆の状況を考えてみましょう。細胞内でタンパク質の合成が止まったら細胞を維持することができなくなり、それはほぼ死を意味します。必要なタンパク質をいつも作っていないと、生命は自分自身を維持できません。でも、山で遭難したときなどは、水さえ飲んでいれば一週間は生きていられるといいますよね。

池上　何も食べずに、ですね。

大隅　もちろんタンパク質を食べていません。でも、遭難中ずっとタンパク質の合成を止めているわけがありません。そのときには、細胞内にある不要なタンパク質を分解して、必要なタンパク質に作り替えているのです。

02-22 リサイクルシステムはどう使い分けされているのですか

池上　細胞内でタンパク質が分解され、必要なタンパク質に作り替えられているというリサイクルが見つかったのはいつごろなのですか。

大隅　現象自体は1937年に見つかりました。当時、タンパク質は分解されにくい、「安定な」分子だと思われていました。ところが細胞内で分解され、部品であるアミノ酸が別のタンパク質合成のときに使われているとわかったのです。

池上　当時としては衝撃的だったのですか。

大隅　いいえ、あまり注目されることなく、その研究成果はほとんど無視されていました。しかし1950年代になると、さまざまな研究結果が報告されるようになりました。そしてついに、分解酵素を含む袋（リソソーム）が細胞内で発見されました。**タンパク質は、いったん膜に包まれてリソソームに運ばれ、リソソーム内で分解されます。**この分解方法は**「オートファジー」**（2016年にノーベル生理学・医学賞受賞）と呼ばれるようになりました（下の図）。

池上　オートファジーによって細胞内のタンパク質が分解されているのですね。

大隅　ところがオートファジー以外にも、タンパク質を分解するしくみが見つかりました。現在では**「ユビキチン・プロテアソーム系」**と呼ばれている方法です。この方法では、分解したいタンパク質に「ユビキチン」という目印を付けて、大きなエネルギー負荷をかけてタンパク質を分

不要なタンパク質を分解するオートファジー

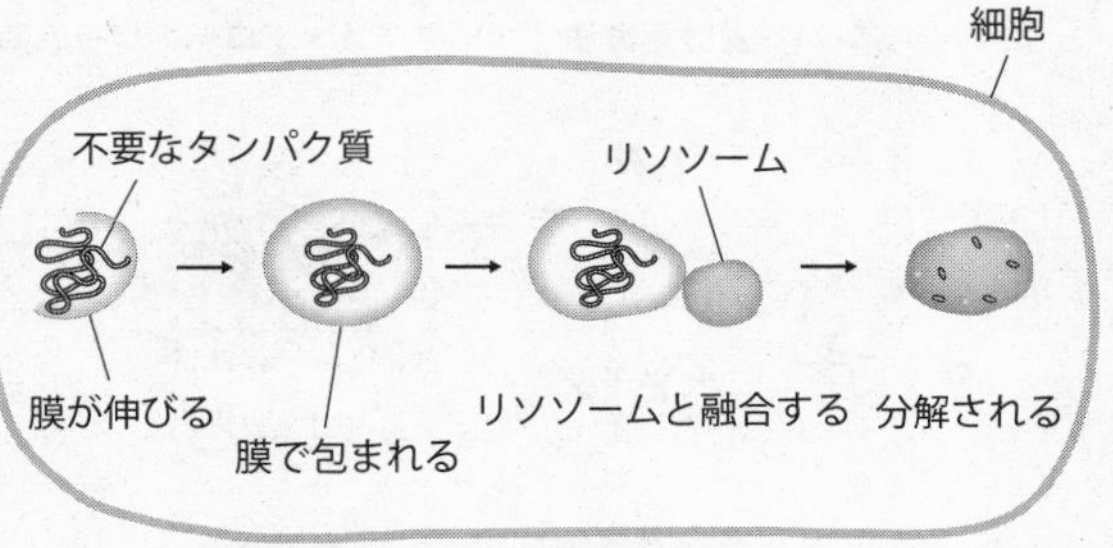

リソソームの中には分解酵素があり、不要なタンパク質が分解される

解します（下の図）。ユビキチンも小さなタンパク質です。

池上　「大きなエネルギー負荷をかけて」とは、どういうことでしょうか。

大隅　本来、タンパク質の分解というものは、エネルギーをつぎ込まずとも勝手に起こる化学反応です。ところが、細胞内ではわざわざＡＴＰのエネルギーを使ってタンパク質を分解しています。細胞はタンパク質の合成だけでなく、分解にも大きなコストをかけているということです。このしくみが、細胞分裂などの生命現象のコントロールに重要だということがわかり、タンパク質の分解が注目されるきっかけとなりました。このユビキチン・プロテアソーム系の研究は、２００４年のノーベ

もう一つのタンパク質分解方法「ユビキチン・プロテアソーム系」

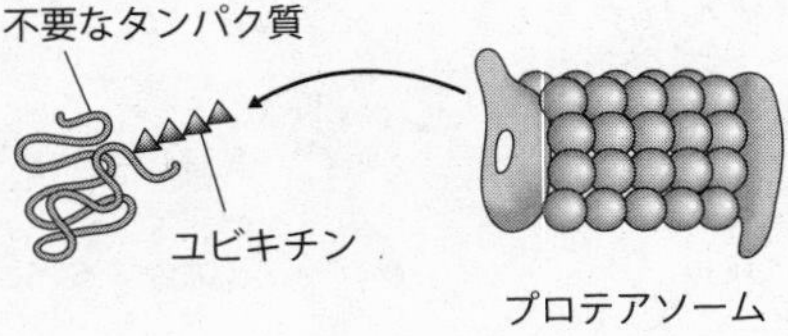

タンパク質の集合体「プロテアソーム」は
「ユビキチン」を目印にしてタンパク質を分解する

ル化学賞の対象となりました。

池上　オートファジーとユビキチン・プロテアソーム系はどう使い分けされているのですか。

大隅　オートファジーは、分解したいタンパク質を一度、膜で包み込みます。網で捕まえるように、一網打尽にするイメージです。それに対してユビキチン・プロテアソーム系は、狙ったタンパク質だけを分解するために正確に目印を付けます。

池上　**オートファジーはなりふり構わずいろいろなものをまとめて壊す。ユビキチン・プロテアソーム系はスナイパーのように狙った標的だけを壊す**、といったところでしょうか。

大隅　そういうたとえはできると思います。特に**オートファジーは、栄養が少ない飢餓状態でよく起こります。**アミノ酸が不足して、使えるエネルギーも限られている状況で、どのタンパク質を分解しようか選ぶ余裕はないでしょう。無差別に分解するほうが、効率よくアミノ酸を作ることができます。

池上　オートファジーで分解できるのはタンパク質だけなのでしょうか。

大隅　ユビキチン・プロテアソーム系はタンパク質だけを分解するしくみですが、オートファジーは細胞内のさまざまなものを分解できます。たとえば、細胞内でエネルギーを作るミトコンドリアを丸ごと膜で包んで分解できます。ミトコンドリアにはタンパク質だけでなく、ＤＮＡや脂質も含まれていますが、それらもすべて分解できるのがオートファジーです。タンパク質よりも大きなものを分解できるのも、オートファジーの特徴です。

池上　それなら、すべてをオートファジーでやればいい、というわけにはいかないのですか。

大隅　タンパク質の有無が精密な生命現象に関わるところでは、狙い撃ちできるユビキチン・プロテアソーム系が使われています。たとえば、細胞分裂を制御するタンパク質は、仕事が終わったら消えてもらわないと困ります。いつまでもいては、細胞分裂に支障をきたすからです。そういった場面ではユビキチン・プロテアソーム系が使われています。

池上　細胞を一つの会社とするなら、ユビキチン・プロテアソーム系は人員の配置替えを丁寧にやっているのに対して、オートファジーは部署ごと取り壊すようなものですね。会社がつぶれそうなときに、一人ひとりどうしようか考えている暇なんてないだろう、という状況に近いと言えそうです。一方で、人員整理を担当した人物は、仕事が終わると、今度は本人もリストラされることが多いのですが、さしずめユビキチン・プロテアソーム系によってリストラされるのですね。

02-23 細胞社会を知ることは人間社会を知ることですか

池上　細胞のしくみを知れば知るほど、身につまされるといいますか、人間社会の縮図を見ている気持ちになります。

大隅　細胞から学ぶことは多くあると、私は思います。たとえば、江戸時代は世界的に見ても高度なリサイクルのシステムができていたとして注目されていて、最近は持続可能な社会、循環型社会が提案されています。人間の社会も細胞の中も、物を作るときには分解するしくみと、ごみを出さずにリサイクルするしくみが欠かせないという点では同じなのです。

池上　細胞は江戸時代ということですね。

大隅　生命は、循環というダイナミックなシステムをもっていないと破綻《はたん》するのでしょう。それは細胞の中に限ったことではありません。生態系全体もそうです。植物という生産者、動物という消費者、微生物という分解者がいて、あらゆる物質が循環することで、生態系が成り立っています。**細胞社会も人間社会も、循環というしくみをもっていないと社会として維持できないのでしょう。**

池上　社会や組織を考えるときに、どのような構造にして、どのように循環させようか。それを考えるときに細胞のしくみを学び、アナロジーにして社会や組織を作るのも、実はいいのかもしれませんね。

第3章

「死ぬって、どういうことですか」

03-01 細胞はいつも増え続けているのですか

池上　ここまで「細胞が生きている」とはどういうことか、考えてきました。細胞が生きているとは、細胞膜という「境界」があること、DNAを複製して細胞が分裂するという「自己増殖」能力があること、内部の環境を維持するための「代謝」があること、でした。この三つの条件は、すべての細胞、生命に共通であるということでした。

田口　DNAからRNAを経てタンパク質が作られる「セントラルドグマ」もまた、すべての細胞、生命に存在する統一原理です。

池上　個々の生物を見るのではなく、生命全体に共通なことを見つけることで、体系的な学問として生命をとらえるのが生命科学ですね。決して暗記科目ではないと。

田口　全体の流れさえ理解できればいいのですから。

池上　細胞や生命は、結局は増えるため、子孫を残すことが目的なんですよね。

田口　そうですね。生命の定義の一つに「自己増殖」がありますから。

池上　でも人間の場合、細胞が増え続けるのが「がん細胞」ですよね。増えることが目的なのに、増えることが死ぬことにつながっているのは矛盾しているように思えるのですが。

田口　大切なのは「制御して増える」ということです(*)。

池上　「制御して増える」とはどういうことですか。

田口　状況に応じて、どれくらい増えたらいいかが決まってきます。増えてもいい環境なら増え、過酷な環境であれば増えずにじっと耐える、ということです。

池上　過酷な環境では、増えてもすぐに死んでしまいそうですからね。

田口　増えること自体、エネルギーや材料を必要としますから、無駄にはできません。結局は**遺伝情報を次につなげるために、最適な状況を見抜いて、戦略的に増えるということです。**

池上　単細胞生物は、環境さえ整えばどんどん増えていくわけですね。ところが多細胞生物になると、細胞が増えすぎることは問題になる。多細胞生物では、細胞が勝手に増えないように制御するシステムがあるということですか。

田口　複雑になるほど、一つの個体を維持することが大変になります。**個体の一部の細胞のしくみが破綻すると、最終的には個体の死につながって遺伝情報を残せなくなる**ので、個体としても細胞全体をうまく制御していると思います。

池上　むしろ、細胞増殖を制御できるしくみを獲得したものが生き残ってきたということですか。

田口　そうですね。とはいえ、長い目で見れば多細胞生物も条件が整えばどんどん増えていくと思います。人間も、時代によって人口が急増するときがありますよね。人口が増えることと細胞が増えることは、基本的には同じものと見なすことができます。

テロメアが細胞寿命を担う

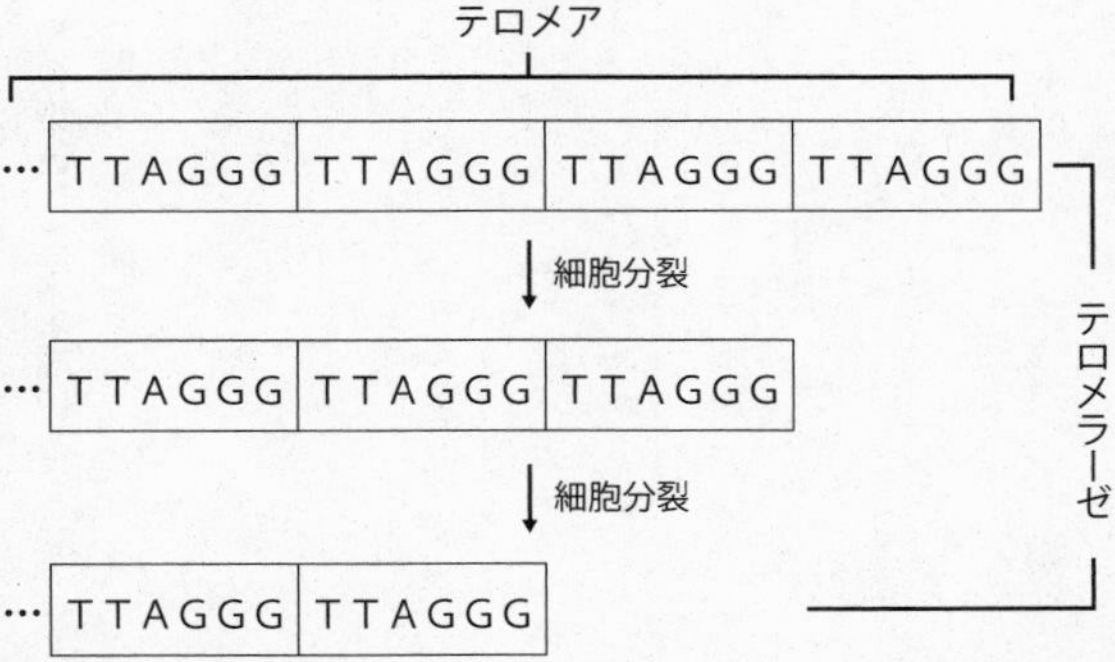

染色体の両末端は「ＴＴＡＧＧＧ」の繰り返し配列が数千塩基対ある（配列や長さは生物によって異なる）。細胞分裂すると「ＴＴＡＧＧＧ」１回分が短くなり、ある程度短くなると細胞は分裂できなくなる。「ＴＴＡＧＧＧ」は、いわば細胞分裂の「回数券」である。テロメアを長くする酵素が「テロメラーゼ」で、通常の細胞はほとんど機能しない。しかし、皮膚や筋肉の元となる細胞では、分裂できる回数を増やすためにテロメラーゼが適切に使われている。がん細胞はこれを悪用しており、テロメラーゼによってテロメアを伸ばすことができるため、いくらでも分裂できるようになり、無秩序にがん細胞が増殖する。

（＊）通常の細胞は、分裂できる回数に限度がある。細胞分裂できる回数は、真核生物の染色体の両末端にある「テロメア」と呼ばれる部分の長さと関係している（前ページの図）。

03-02
細胞がいつもリニューアルしているって本当ですか

池上　人間は何個の細胞からできているのですか。

田口　昔は60兆個といわれていましたが、最近は37兆個くらいとする見方があります（＊）。数十兆個レベルですね。

池上　数十兆個の細胞は、生まれてからずっと同じままなのですか。

田口　細胞一つひとつを見ると、細胞はどこかが死んで、新しい細胞が生まれてきています（次ページの図）。

池上　**全体として数十兆個という数は変わらないけれども、細胞一つひとつはリニューアルされている**ということですね。そのようなしくみがあるのはなぜですか。

田口　一つの細胞を何十年と使い続けているとマシンの不具合が出てくる、とイメージするのがいいと思います。

池上　細胞のリニューアルは、マシンとしての部品交換というわけですか。

田口　タンパク質がナノマシンだとすれば、細胞はもう少し大きいマシン、個体が一番大きなマシンです。どんなマシンも、**性能を維持するためには部品交換が欠かせない**ように、生命も細胞をリニューアルすることが必要なのです。だから見た目は変わっていなくても、細胞レベルではどんどん変わっていることになります。

細胞は常に死んでは生まれている

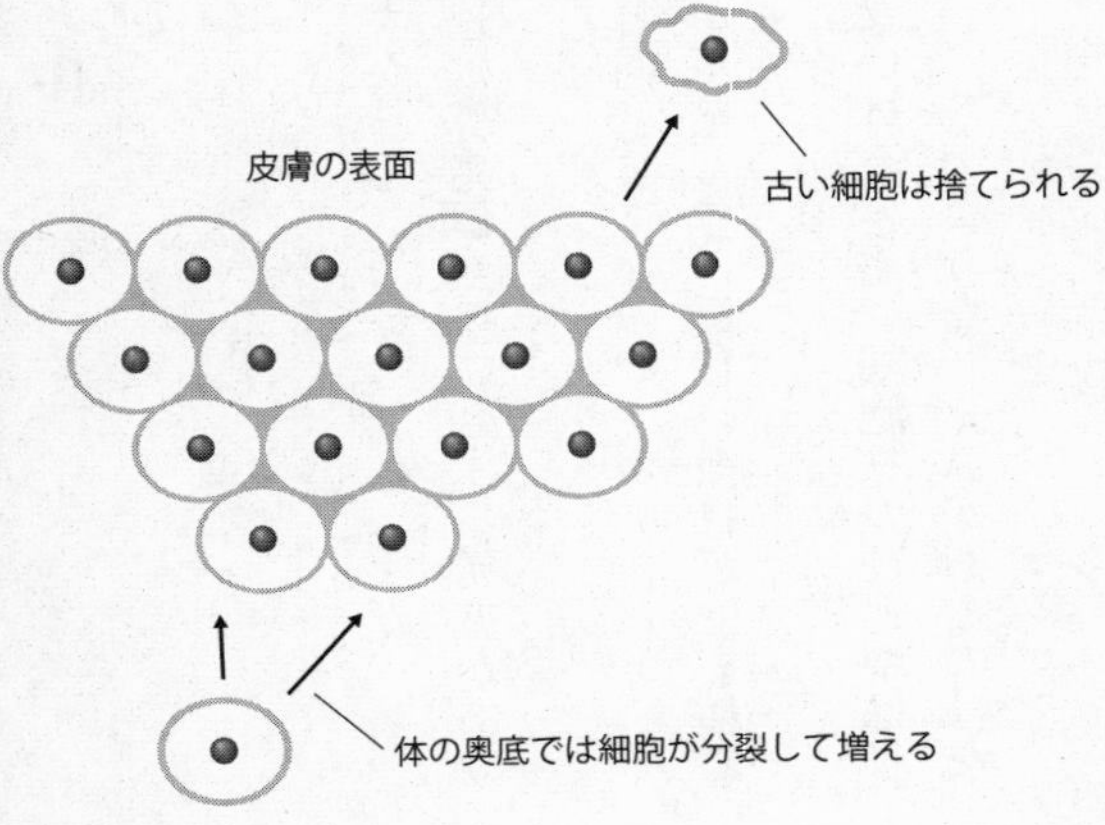
皮膚の表面
古い細胞は捨てられる
体の奥底では細胞が分裂して増える

池上　知り合いに10年ぶりに会ったとき、見た目に10年前の面影があっても、細胞は完全に生まれ変わっているわけですね。

田口　10年どころか、**数カ月でほぼ一新される**と言われています（下の表）。普通の感覚では信じられないですよね。

池上　でも、そういうしくみだからこそ、多細胞生物は長い寿命を獲得できたということですよね。それぞれの細胞がそのままだったら、細胞に不具合が生じて、あっという間に個体の寿命がきてしまう。

岩崎　細胞の中のタンパク質もどんどん壊され、新しく作られています。それができなくなったときに、個体としての死を迎えてしまいます。

池上　それが死ぬ、ということですか。年を取ると、細胞をリニューアルするスピードが遅くなるのですか。

田口　リニューアルできない細胞や細胞内成分など、悪いものが溜まっていくと考えられます。

細胞が入れ替わる周期は場所で違う

	胃腸	心臓	皮膚	筋肉	骨	赤血球
周期	5日	3週間	4週間	2カ月	3カ月	4カ月

岩崎　細胞のリニューアルよりも、細胞内のタンパク質のリサイクル（オートファジーやユビキチン・プロテアソーム系によるリサイクル〈190ページ「02-22　リサイクルシステムはどう使い分けされているのですか」参照〉）のほうが、頻繁に起きています。細胞レベルのリニューアルと、タンパク質レベルのリサイクルの両方を考える必要があると思います。

池上　細胞を建物とすると、建物そのものを取り壊すことは時々あるけれども、内装のリフォームのほうはかなり頻繁に行われているということですか。

岩崎　建物そのものが駄目になると、タンパク質のリサイクルである内部のリフォームをやろうにもできなくなるのと似ていますね。

（＊）２０１３年7月5日付の『Annals of Human Biology』誌に掲載された論文「An estimation of the number of cells in the human body」によると、30歳男性の平均身長と体重である身長１７２センチ、体重70キロの場合で計算すると、細胞の総数は約37兆個と推定される。

03-03

リニューアルしないまま一生使い続ける細胞はあるのですか

池上　細胞は常にリニューアルされているという話でしたが、中にはリニューアルしないまま一生使い続ける細胞はあるのですか。

田口　**神経細胞は、基本的にリニューアルされません。**

池上　でも、神経細胞の中のタンパク質は常にリサイクルされているわけですよね。

田口　そうですね。何十年と使い続けることでいろいろな不具合が生じてくることはあると思います。異常な形をしたタンパク質が蓄積するようになって、しかも分解できなくなる。それがアルツハイマー病などにつながってくるのでしょう。

池上　細胞の中のリサイクルができなくなると、病気になりうるのですね。

田口　長生きすることの弊害と考えることもできます。現在の日本では寿命が80歳を超える人は珍しくありませんが、本来の生物学的な寿命を超えているといわれています（＊）。神経細胞がそこまで長く使われるように準備されていないのでしょう。

池上　たとえば、神経細胞は60年くらい使われれば十分とか。

田口　正確な数値はわかりません。でも、いろいろな科学技術の発展、医療の進歩によって長生きできるようになったけれども、神経細胞はリニューアルしようがない。そこでアルツハイマー病など、細胞のリニューアルまたはタンパク質のリサイクルの不具合による病気が新しく登場してしまったと考えることはできます。

池上　そういったことは神経細胞以外にもあるのですか。

田口　細胞ではありませんが、目でレンズとして機能している水晶体がありますよね。**水晶体には「クリスタリン」というタンパク質があるのですが、クリスタリンは作り替えられることがなく、一生同じものを使い続けます。**クリスタリンの形が異常になってゆで卵のように凝集してしまい、レンズが濁ってしまったのが白内障です（下の図）。

池上　そうか、だから年を取ると白内障になる人が増えるんですね。

田口　白内障は、年齢が上がるとともに発症率が高くなり、80歳以上になるとほぼすべての人が発症します。クリスタリンというタンパク質をリサイクルできないことを考えると、白内障は避けられない病気です。今は手術などで治療できますが、白内障になること自体は宿命といいますか、長生きの代償でもあるのです。

池上　「長生きすること」と「病気にならない」はイコールにならないのですね。人間は１２０歳まで生きられると聞いたことがありますが、細胞のリニューアルやタンパク質のリサイクルから考えると、60歳くらいから不具合が起きやすく

白内障はタンパク質が作り替えられないまま変形してしまうのが原因

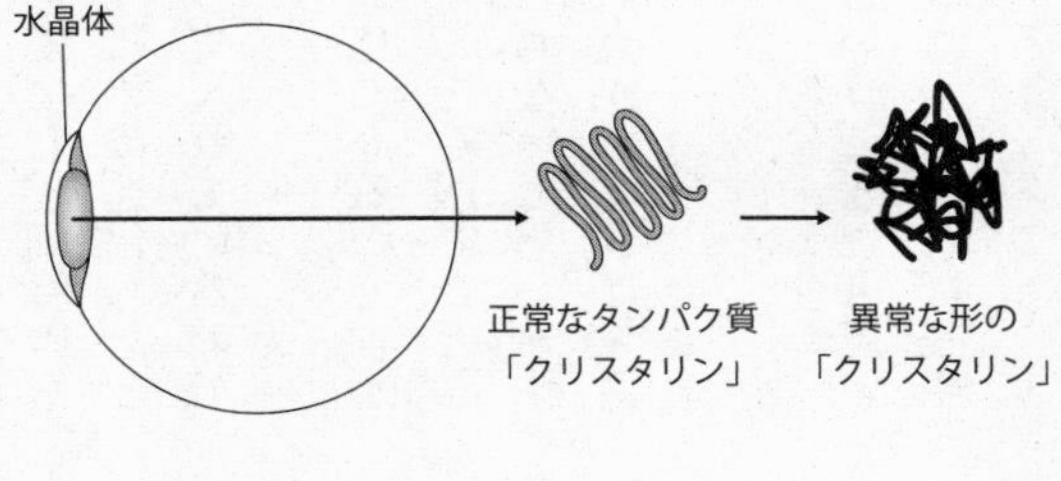

なりそうです。

田口　そうだと思います。寿命がここまで延びたのはつい最近ですし、細胞のリニューアルやタンパク質のリサイクルが対応できるように急に進化したとは考えにくい。そのギャップが、加齢による病気となって現れているのでしょう。

池上　もし仮に、神経細胞で不具合が起きなければ、それは進化になるのですか。

田口　アルツハイマー病など神経に関係する病気、さらにはがんを克服したとしても、また別のところに不具合が生じてくるのは避けられないと思います。人類が長生きしたいという究極の夢は、生物の進化の観点からすれば矛盾した夢ということになるかもしれません。

池上　長生きや不老不死は進化を止めてしまうのですね。

岩崎　究極のリニューアルは世代交代、つまり子どもを生むということだと思います。進化の観点、すなわち数十億年の生命の歴史の観点からすれば長生きは「おまけ」になります。

（＊）たとえば本川達雄著『ゾウの時間ネズミの時間』（中公新書）には、哺乳類において「一生の間に心臓は20億回打つ」という法則が成立するとある。人間の場合、心拍数を毎分80回とすると20億回を迎えるのは63歳ごろになる。

03-04 がん細胞ができるのはなぜですか

池上　がん細胞には「とにかく増える」というイメージがあるのですが、がん細胞は死なないのですか。

田口　一つの細胞としては死ぬものもありますが、**制御なしに増え続けているのががん細胞**ですね。

池上　細胞レベルで見れば、ずっと生き続けるわけではないのですね。制御ということについて詳しく聞きたいのですが。

田口　細胞のリニューアルを考えたときに、古い細胞がなくなる分だけ、新しい細胞が補充されます。つまり、**全体の細胞の数はほとんど変わらないように維持されているわけです。その維持を担うのは、結局は遺伝子です。**細胞を増やそうとするスイッチをオンにする遺伝子があると思ってください。

池上　細胞を増やす遺伝子がある、と考えるわけですね。

田口　普段は、その遺伝子がスイッチのオンとオフをうまく切り替えて、細胞の数を一定に保つようにしています。ところがスイッチを制御できる遺伝子に異常が起きると、スイッチがオンのままになってしまう。そうすると細胞がどんどん増え続けるようになる。それが悪性腫瘍《しゅよう》、つまりがんです（下の図）。

池上　細胞を増やそうとするスイッチとは、具体的には何ですか。

岩﨑　それもタンパク質です。また制御

細胞は秩序をもって増える

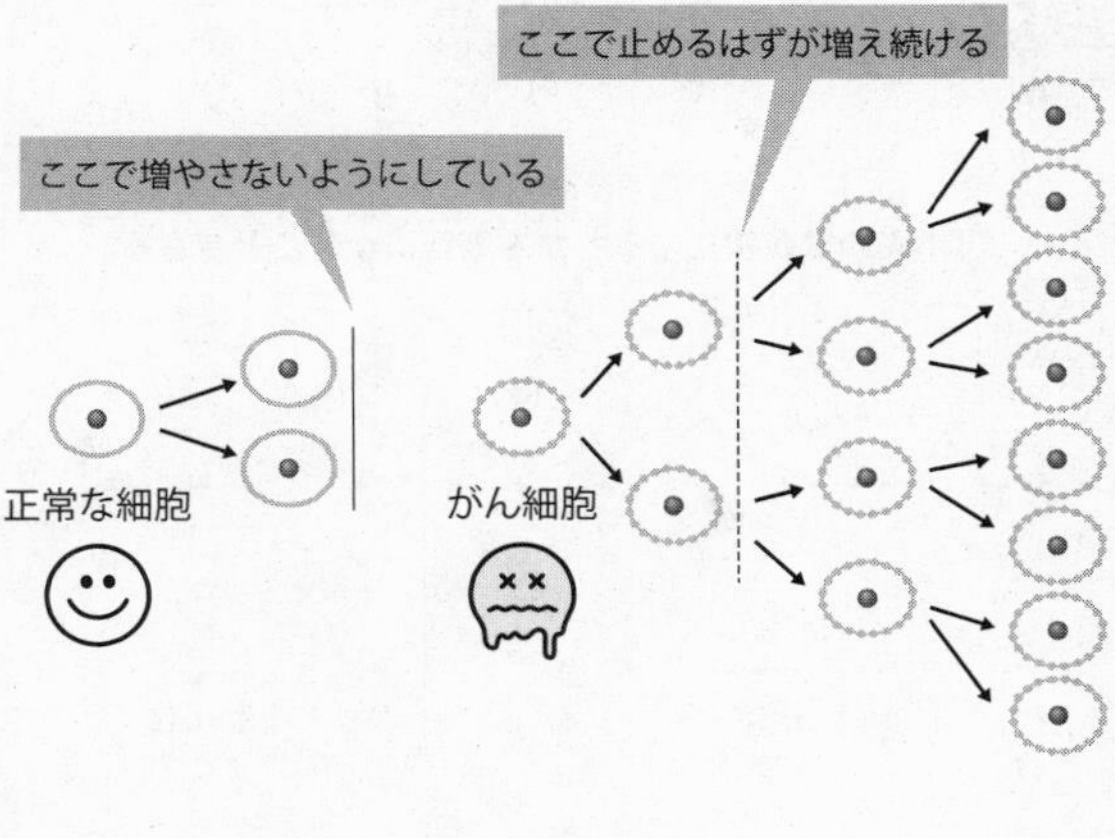
ここで止めるはずが増え続ける
ここで増やさないようにしている
正常な細胞
がん細胞

に関しては、細胞の数だけではなくて、DNAの複製のときにも関係してきます。

池上　どういうことですか。

岩﨑　細胞分裂する前に、DNAは必ず2倍になります。2倍にならないまま細胞分裂はしないし、逆に4倍などにはなりません。それも正しく制御されています。この制御が破綻して、DNAの量が変化したときにがん細胞になりえます（下の図）。

池上　細胞やDNAの数が正しくなるように、ちゃんと制御されているということですね。

岩﨑　制御が大事なのです。

池上　最近になって、がんの患者が増えていると言われていますよね。でも昔は、がんになる前に死ぬ人がほとんどだったと、私はよく言っ

DNAの数が変化するとがん細胞になることがある

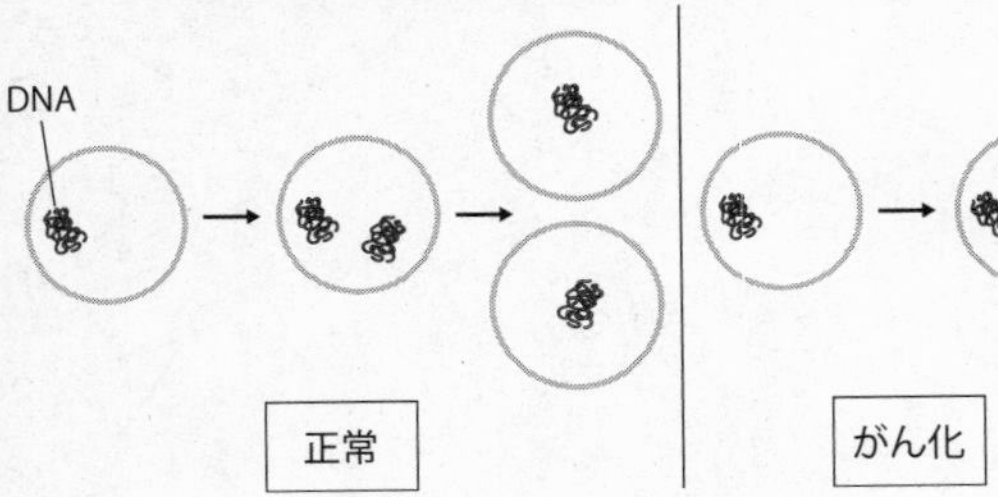

ています。

田口　そのとおりです。長生きすると、細胞を維持するしくみが徐々に破綻してくるのだと思います。

池上　日本では、がんが死亡原因の第1位ですけれども、それは長生きできるようになった結果ですよね。昔は結核で多くの人が亡くなっていましたが。

田口　結核の治療薬ができたおかげで、結核で亡くなる人はほとんどいなくなりました。その代わり、今まで人類が直面してこなかった病気、たとえばがんやアルツハイマー病などが目立ってきたということです。

池上　がんの専門医の中には「自分はがんで死のうと考えている」という人もいるとのことです。がんになるまで長生きできたのはいいことだ、という考えです。そう考えると、現代病と呼ばれているものは、長生きできたからこそ出てきたものなのですね。

03-05 細胞は増えるだけでなく減ることもあるのですか

池上　先ほど、タンパク質のリサイクルについて大隅先生にお聞きしましたので、続いて細胞のリニューアルについてもお聞きします。細胞のリニューアルという話をしている中で、人間は生きている間、見た目はほとんど変わらないのに細胞は次々と入れ替わっていること、細胞の中身は数カ月もすると全く別人になっていることを教えていただきました。ずいぶん不思議なことですが、そうやって次々と新しくしていかないと、人間は生きていけないということですよね。私はこのリニューアルのことを、経済学の授業をするときにアナロジーとして使っています。

大隅　どういった文脈で使うのですか。

池上　人間に寿命があるように、企業にも寿命があると。そして、どの企業も最初はうまくいっていても、どこかで変えていかないと駄目になる、ということです。

池上　具体的にはどのような例がありますか。

大隅　よく例に出すのは、東洋レーヨンという会社です。この会社は、衣類に使われる化学繊維のレーヨンを作る会社でした。でもやがて、レーヨンが売れなくなる時代が来たのです。そのとき、レーヨンを作る技術を使って、新しく炭素繊維を作ることにしました。もはやレーヨンを作っていないということで、社名は東洋レーヨンから東レに変わりました。

池上　なるほど。

大隅　もう一つの例は富士フイルムです。富士フイルムは文字通り、最初は写真用のフィルムを作っていました。でも、同じようにフィルムだけを作っていたドイツのアグファフォトやアメリカのコダックは経営危機に陥りました。富士フイルムが今でも生き延びているのは、フィルム製造で培《つちか》った技術を医療機器や化粧品などに活かしたからです。

池上　同じものを使い続けないという意味では、企業も生命も似ていますね。

池上　企業も生命も、どんどん変わっていくからこそ生き延びることができる、というわけです。でもその一方で、細胞に「死になさい」という命令を出すと聞いたことがあるのですが。

大隅　「アポトーシス」と言われている現象ですね。「死になさい」というよりも**「自爆装置をもっている」**と考えるほうがよいでしょう。**細胞が不要になったときに、自分で死ぬためのしくみを備えていて、結果として全体が制御されているというイメージです。**

池上　最初から自爆装置をもっているとは、ずいぶん怖い気がします。

大隅　でも必要なことです。たとえば、オタ

オタマジャクシの尻尾の細胞は自爆している

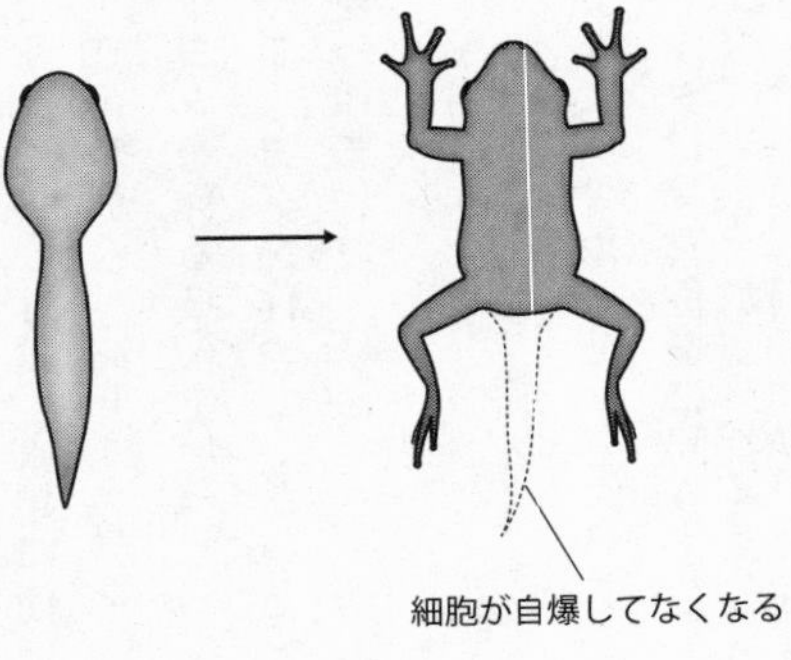

マジャクシの尻尾がなくなるのもアポトーシスです（右ページの図）。オタマジャクシのときには水中で泳ぐために尻尾を使いますが、カエルになったら不要になります。不要になった細胞をすぐに除去できるのは、アポトーシスという自爆装置がうまく機能するからです。

池上　**自爆装置が正しく起動する**、というわけですね。

大隅　他にも、細胞が大きくダメージを受けたり、異常な形のタンパク質が溜まったりすると、細胞は何とかして修復しようとします。でも、修復できるレベルを超えてしまったと判断したときには、細胞を丸ごと破壊するという決断を下します。

池上　たとえば人工衛星を打ち上げるとき、1段目の燃料ロケットは途中で切り離すのですが、予定とは違う場所で切り離されて住宅密集地に落ちるかもしれないというときに自爆させるのと似ています。

大隅　そうですね。**細胞やタンパク質が傷ついたとき以外にも、DNAに異常があったときにアポトーシスは起きます。**そうしないと細胞の数を制御できなくなり、がんになる可能性があるからです。がん細胞が生まれる前に除去しようというのが自爆装置であり、細胞自身がもっているしくみです。

池上　よくできていますよね。個体全体として生き延びるために、いざというときは一部が犠牲になると。そこには自爆装置というしくみがあるわけですから。

大隅　細胞のリニューアルだけでなく、タンパク質のリサイクルも、部分的には死ぬものがあった上で全体として生き延びるためのシステムです。そういうシステムの存在がようやく最近わかってきたのです。

03-06 細胞が死ぬとはどういうことですか

池上　アポトーシスは、細胞の自爆装置、つまり死につながるしくみということですが、そもそも細胞が死ぬ、あるいは個体が死ぬとは、どういうことなのでしょうか。

大隅　細胞の基本的な性質として、外界からエネルギーを取り込んで、自分の中で機能するように変化させることが挙げられます。それができなくなった状態が細胞の死だと、私は考えています。死んだ細胞をそのままにしておくと不都合なので、死んだ細胞を壊そうとするのがアポトーシスですね。

池上　細胞の三つの定義の一つである「代謝」ができなくなるということですね。物質の取り込みも排出もできなくなった状態が、細胞の死であると。

大隅　もう一つの細胞の定義である「境界」がなくなっても、細胞の死だと考えます。内側と外側が区別できているのが細胞の条件の一つですが、その区別ができていないというのは、代謝ができていないということでもありますから（下の図）。

池上　内側を守るための砦《とりで》が破られた状態というわけですね。

大隅　私たちが実験で、生きている細胞と死んでいる細胞を区別するときには、特別な色素を使います。生きている細胞は、その色素は不要ということで細胞内に入れないのですが、死んでいる細胞にはそのまま色素が入っていきます。そのため、色素で染まった細胞は死んでいる、と見分けることができるのです。

境界がなくなったときが細胞の死

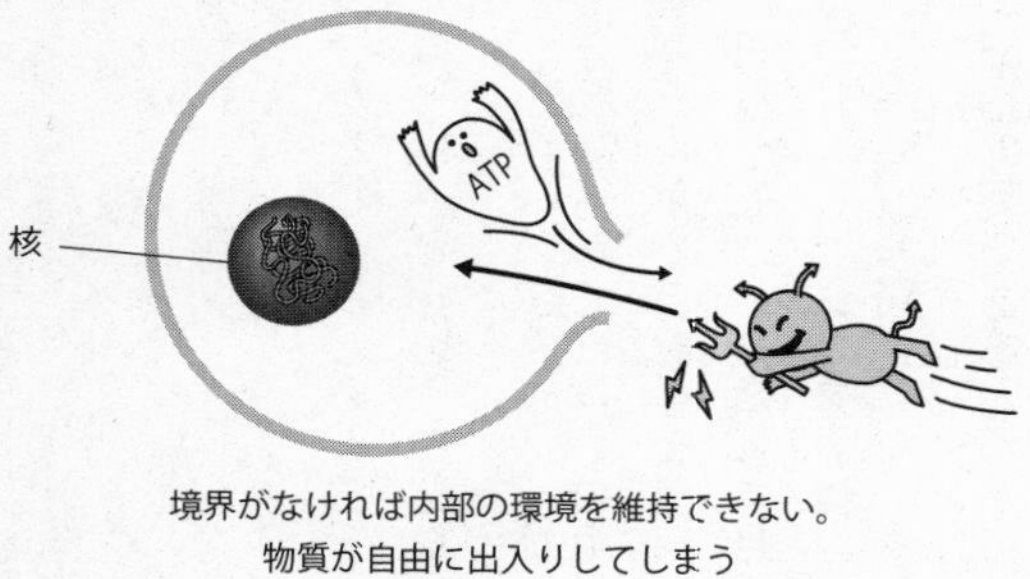

境界がなければ内部の環境を維持できない。
物質が自由に出入りしてしまう

03-07 老化するとはどういうことですか

池上　細胞のリニューアルやタンパク質のリサイクル、あるいはアポトーシスなどによって、個体全体として生きていくしくみがあるということでした。しかし、リニューアルなどをしているにもかかわらず、それを続けているとやがて老化というかたちで不具合が出てくる。なぜ老化という現象は起きてしまうのですか。

大隅　私は酵母という微生物の研究者なのですが、酵母ですら細胞はいくらでも増えるわけではありません。酵母は分裂すると、親の細胞（母細胞）と子どもの細胞（娘細胞）に分かれます。そして、母細胞は30回ほど娘細胞を作ると死んでしまいます。

池上　全く同じ細胞が生まれるわけではないのですね。

大隅　そうです。ただ、娘細胞のほうは新しくなって、また30回ほど分裂できる能力をもちます（左ページの図）。母細胞が不都合なものを全部受け持ち、娘細胞は新品で作ろうということだと思います。そうすると母細胞には不都合なものがどんどん溜まっていき、ついに娘細胞を作ることができなくなるのが30回目あたりです。

池上　複雑なしくみに思えますが、そうすることで何かメリットはあるのですか。

大隅　寿命をもつことで新品を作り出すシステムができて、長い目で見れば生命全体として生き延びることができるからではないでしょうか。仮に、ダメージを受けた細胞が分裂するときを考えましょう。完全に同じものを作ったら、両方ともダメージを受けた状態のものができてしまいます。それよりも、片方はダメージを受けたものを、もう片方は新しいものを作るほうがよさそうですよね。ダメージを受けたほうが母細胞、つまり年を取ったほうです。新しいものが娘細胞、若いほうということになります。

池上　だんだん年を取ってくると状態が悪くなるから、そこから同じものは作らないほうがいいということですか。それもまたよくできていますよね。

大隅　その意味では、生命はダイナミック（動的）にしか維持できないといえます。タンパク質レベルでも、細胞レベルでも、個体レベルでも、**同じものが静的にあるのではなく、動的に変化している**ということです。それこそが生命の本質だと理解していただきたいです。

池上　ずっと同じ状態を維持するのは難しく、老化はしようがないということですね。やはり細胞や生命は、調べれば調べるほどうまくできている。そのしくみを発見することが、生命科学の研

酵母の細胞分裂には限界がある

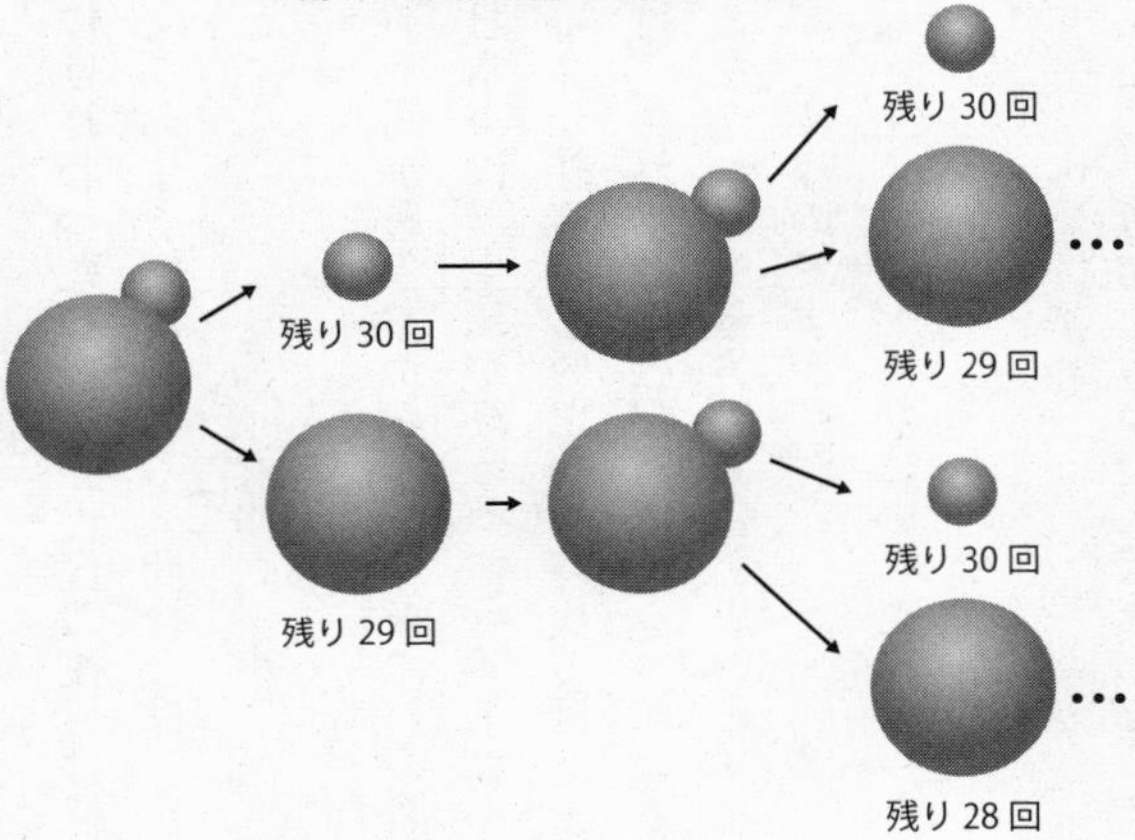

究者は面白いのでしょうね。

大隅　これは極論ですが、**生命は子どもを作り終わったら、その世代の役目は終わりなのです。**その役目が終わってもなお生き続けている人間社会は、かなり特殊といえます。

池上　私のような人間は消えるべきですか。辛いですね。

大隅　辛いお気持ちはわかります。でも生殖時期が過ぎてから、こんなに長い期間生きている生物は人間だけです。日本人は、生殖が終わっても50年以上生きる人も少なくありません。平均寿命が30歳くらいだった時代ではあまり問題にならなかった病気、社会制度、生活の質などが問題になっているのは、これまでどの生物も経験してこなかった生き方にあると思います。

池上　長寿はそういうところで問題になってしまうのですか。

大隅　２００歳、３００歳まで、人間みんなが生きればどんなにいいことか、と考える人がいるのかもしれません。しかし、私は少し違うのではないかと思います。

池上　昔から不老不死は人類の究極の夢でしたね。権力をもった人はみんな不老不死の薬を求めましたけど、もし不老不死が実現していたら、そこで生命のダイナミックな動きは止まってしまう。そうしたら今の私たちは生まれてこなかったかもしれない。そう考えると悪夢ですね。

第４章
「地球が多様な生命であふれているのはなぜですか」

04-01 地球上にこんなに多くの種類の生物がいるのはなぜですか

池上　ここまで細胞の中で起きていることを中心に、生命について掘り下げてきました。細胞分裂するときにはDNAを2倍にして正確に振り分けること、タンパク質のリサイクルや細胞のリニューアルなど、生命を維持するためにさまざまな工夫があるということでした。

田口　その根源にはセントラルドグマがあり、どの生命も同じしくみで遺伝子からタンパク質が作られていることも紹介しました。

池上　地球上にはいろいろな種類の生物がいて、全然違うように見えるのに、細胞レベルではほとんど同じしくみで機能しているというのは驚きです。

田口　そういうしくみを解明するのが、生命科学という学問ですね。

池上　でも、そういったお話を聞いて改めて驚いたのは、**同じしくみで機能して**

いる生物がこれほどまでに多種多様にいるということです。

田口　そうですね。細胞分裂の話では、ＤＮＡを正確に複製して細胞が分裂するとお話ししました。**１００パーセント正確に複製されていれば、遺伝子が異なる多様な生物は生まれていないはずです。**

池上　ところが現実はそうではない。

田口　今までの話の前提を崩すような現実が、今の地球にはあります。

池上　生物の種類が多いだけでなく、同じ人間の中でもいろいろな人がいますよね。

田口　それも含めて、多種多様な生命がいるということになりますね。多様な生物種と、同じ生物種の中でも多様な個体がいるということです。

池上　身近なところの多様性でいうと、日本人と外国人とは目の色などが違いますね。見た目だけではなくて、体質もバラバラ。私のように酒が全く飲めない人もいれば、いくら飲んでも平気な人もいます。

田口　**遺伝子のほんのちょっとした差で変わりますね。**酒を飲んでも平気かどうかは、「アセトアルデヒド脱水素酵素」というタンパク質を作る遺伝子の個人差で大きく決まります。

池上　アセトアルデヒドはよく聞く言葉ですね。

田口　アルコールが分解される途中で出てくる分子で、悪酔いのもととなるものです。アセトアルデヒドを素早く処理できるかが、酒に強いかどうかを決めています（下の図）。

池上　他に、血液型も多様ですよね。ＡＢＯ式だけを見ても４種類ある。みんな同じ血液型で問題なさそうなのに。

田口　国や地域によって割合が違うのも疑問ですよね。

池上　日本ではＡ型が多いのに、ブラジルではＯ型がほとんどです。Ｏ型は梅毒《ばいどく》に

酒に強いかどうかはアセトアルデヒドを分解できるかどうか

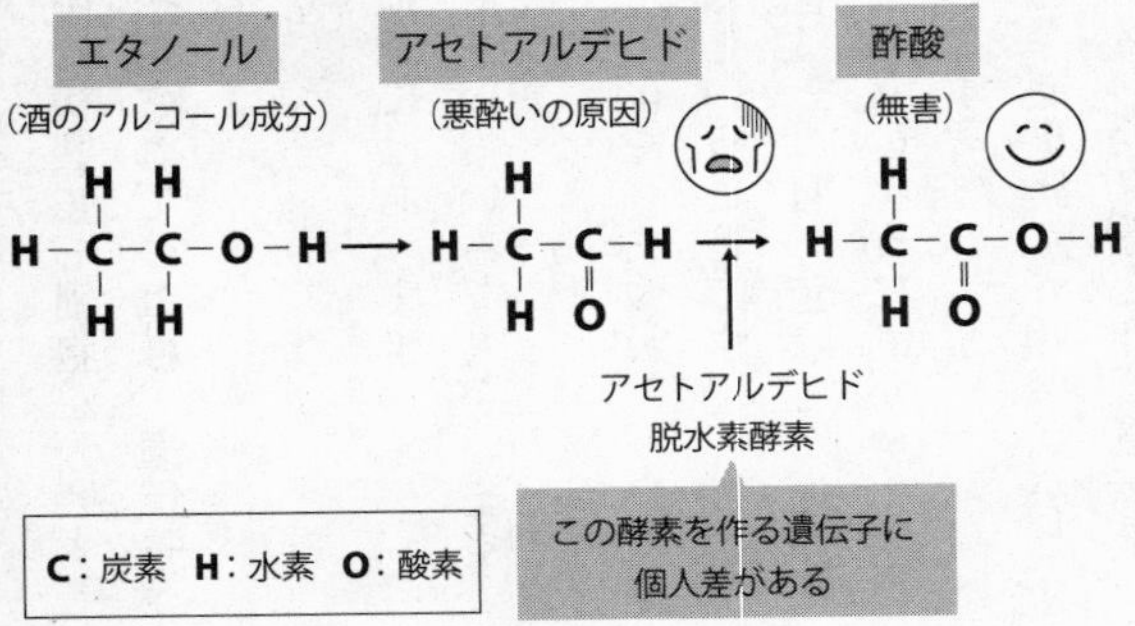

強いと聞いたことがあります。

田口　そういった理由があるのかもしれませんね。過去に感染症が流行して、それに弱い血液型の人間が多く死んでしまったら、特定の血液型だけが現在まで生き延びているという可能性はあると思います。

池上　なるほど、感染症という環境の影響を受けているかもしれない、ということですね。

田口　そういうことが一番わかっている例は、鎌状《かまじょう》赤血球症とマラリアの関係です。

池上　鎌状赤血球とは何ですか。

田口　赤血球の形状が変化して、酸素を運ぶ能力が落ちた赤血球のことです。酸素を運ぶヘモグロビンを作る遺伝子が変化したことで起きる病気で、貧血を引き起こします。鎌状赤血球症は、鎌状赤血球を作る遺伝子を父親・母親両方から受け取った場合は重い症状となり、ほとんどは成人前に死亡します（次ページの図）。ただ、片方の遺伝子が正常であれば、日常生活を送る分には支障はありません。

鎌状赤血球症の軽い親から生まれる子どもの可能性

正常な赤血球を作る遺伝子と、鎌状赤血球を作る遺伝子の組み合わせを考えると、生まれる子どもは「症状なし」の可能性が４分の１、「軽い症状」の可能性が４分の２（２分の１）、「重篤《じゅうとく》な症状」の可能性が４分の１になる

池上　鎌状赤血球とマラリアはどう関係するのですか。

田口　マラリアの原因となるマラリア原虫は赤血球内で増殖するのですが、鎌状赤血球内では生存できないのです。

池上　マラリアに強いから今でも鎌状赤血球を作る遺伝子が残っていると。

田口　日本では鎌状赤血球を作る遺伝子をもつ人はほとんどいませんが、マラリアが流行するアフリカでは25パーセントもの人が異常ヘモグロビン遺伝子をもっています。多様な人間がいる理由の一つに、そういった生存に関わる環境があるのです。

04-02 両親のゲノムから子どもの特徴は予測できますか

池上　子どもを生むとき、どんな子どもが生まれるのか予測できるものですか。たとえば、鎌状赤血球症の親から生まれる子どもも鎌状赤血球症になるのかどうか。

岩﨑　確率になりますが、血液型のように予測できます（236ページの図）。

池上　外見や性格はどうですか。両親がこの顔とこの性格なら、生まれる子どもはこういう顔でこういう性格など、予測できますか。

田口　遺伝子だけで外見や性格が決まるとして、両親が受精卵を選んだり、遺伝子操作を行うことで「好み」の赤ちゃんが生まれるようにするSF作品はありますね。特に、遺伝子操作されて生まれた子どもはデザイナーベビーと呼ばれています（デザイナーベビーが登場する作品については第5章

「05 - 12　ゲノムを知って変えられると、どんな未来になりますか」参照）。

池上　遺伝子からどんな子どもになるのか予測するのは可能であると。

岩﨑　実際にはそんなに単純な話ではありません。

池上　どういうことですか。

岩﨑　たとえば、先ほどの話に出た、酒に強いか、鎌状赤血球症になるかどうかは確率的に予測できます。これらは特定の遺伝子だけで決まっていることが明らかになっているからです。

池上　遺伝子だけで決まるものは予測できると。

岩﨑　でも、たとえば美人になるかどうか、頭がいいかどうかは、一つの遺伝子だけで決まるものではありません。複数の遺伝子が関わっているし、プラスして環境要因や文化の影響も受けます。

池上　顔立ちだけ考えても目の色や鼻の高さなど、いろいろありそうですね。

岩﨑　両親のゲノムがわかったとして、その子どもの外見や性格、体質は絶対こうなると予測できるものは、血液型などごく一部です。予測できないものが圧倒的に多いのです。

池上　そういえば、こういうジョークがあります。ものすごく頭がいいけど不細工な男性に、頭が悪いけどものすごく美人な女性が「あなたの頭脳と私の美貌をもった子どもを産みたいから一緒になりましょう」とプロポーズしたら「不細工な私とバカなあなたの子どもが生まれるかもしれないからやめましょう」と断る笑い話があります。

岩﨑　そういうことです。どうなるか予測できないのです。美人になる確率は80パーセント、という数値で表現できるものではないと思います。

池上　でも、本当にそういう予測システムが出てきたら、少し怖いですね。精子と卵子でデザインする、みたいな気分です。

田口　選ぶという感覚ですね。でも、そういう時代になりつつあるのは間違いないと思います。

池上　美女やイケメンといった外見で選ぶのではなく、ゲノムで選ぶ時代になるかもしれませんね。

田口　一人ひとりのゲノムが全部解読されるようになってくると、あるカップルからどんな子どもが生まれるのか、予測するシステムが将来出てくるかもしれません（＊）。

池上　でも、実際には、ゲノムだけで人間が決まるほど単純な話ではないのですね。

岩﨑　はい。それを単純化させてしまい、**一つの遺伝子で決まると考えてしまうと、偏見につながる**のです。この遺伝子からはこういう人間になるに違いない、という思い込みです。それがかつての優生学であり、そういった間違った認識を繰り返してはいけません。

（＊）親をゲノムで選び、どんな子どもが生まれるか予測するシステムの特許はすでに取得されている。２０１３年９月、アメリカの遺伝子解析サービス会社「23andMe」は、精子または卵子提供者（ドナー）と、受け取る者（レシピエント）の両者のゲノムを解析することで、生まれる子どものがんリスクや目の色、寿命などを総合判定して最適なドナーを選択できるシステムの特許（特許番号US８５４３３３９）を取得した（２０１９年現在、運用はされていない）。なお、23andMe は個人向けの遺伝子解析サービスとして世界で１０００万人以上のユーザーを獲得している。遺伝子を調べる料金は１９９ドル（約２万２０００円）。日本でも同様のサービスがある。

04-03

どのようにして多様性が生まれるのですか

池上　そもそもの疑問ですが、どのようにして多様性が生まれるのですか。DNAが正確に複製されていれば、同じものしかできないはずです。

田口　そのとおりです。多様性が生まれるということは、**DNAは100パーセント正確には複製されていない、つまりエラーが起きているということになります。**エラーが起きた場合、エラーの箇所によっては、一見無害なときもあれば、致命的になるときもあります。致命的な場合は、もちろん生き延びることはできず、死に絶えてしまいます。一方、一見変化がないと思われた生命の中には、環境によっては有利になって生き延びることができるものも出てきます。

池上　エラーが起きる確率はどれくらいなのですか。

岩﨑　およそ2億5000万分の1だと考えられています。ヒトのゲノムは30億塩基対あるので、1回のDNA複製ではおよそ12カ所でエラーが起きます。

池上　30億分の12ですか。

岩﨑　第2章の155ページ「02・14　DNAの95パーセントは無駄ですか」でもお話ししましたが、DNAの95パーセント以上はタンパク質を作る遺伝子とは関係ないところなので、ほとんどのエラーは体への影響がありません。ただ、遺伝子でエラーが起きると、がんなどの病気につながることがあります。

池上　第3章のがん細胞の話でも、細胞の数を制御するスイッチのオン・オフを切り替える遺伝子に異常があるとがんになると言っていましたね。遺伝子が異常になる原因が、DNAを複製するときのエラーなのですか。

岩﨑　そうです。

池上　先ほど、ヒトのDNAのうち95パーセント以上はタンパク質を作る遺伝子と関係ないとおっしゃっていましたが、関係ないところは何か存在意義があるのですか。

岩崎 今のところ、何をしているのかはっきりとわかっておらず、今まさに盛んに研究されています。無駄な部分であると見なすこともできますが、興味深いものとして、「レトロトランスポゾン」と呼ばれているものがあります。長い進化の過程で、一部のDNA領域が、まるでコピー&ペーストされるかのように増えたものが、ヒトのゲノムの中にいまだに残っているのです。

池上 **DNAのコピペ、ですか。**それはどういうものですか。

岩崎 レトロトランスポゾンは、まず自分自身のDNAをRNAに転写します。

レトロトランスポゾンはコピペするかのように増える

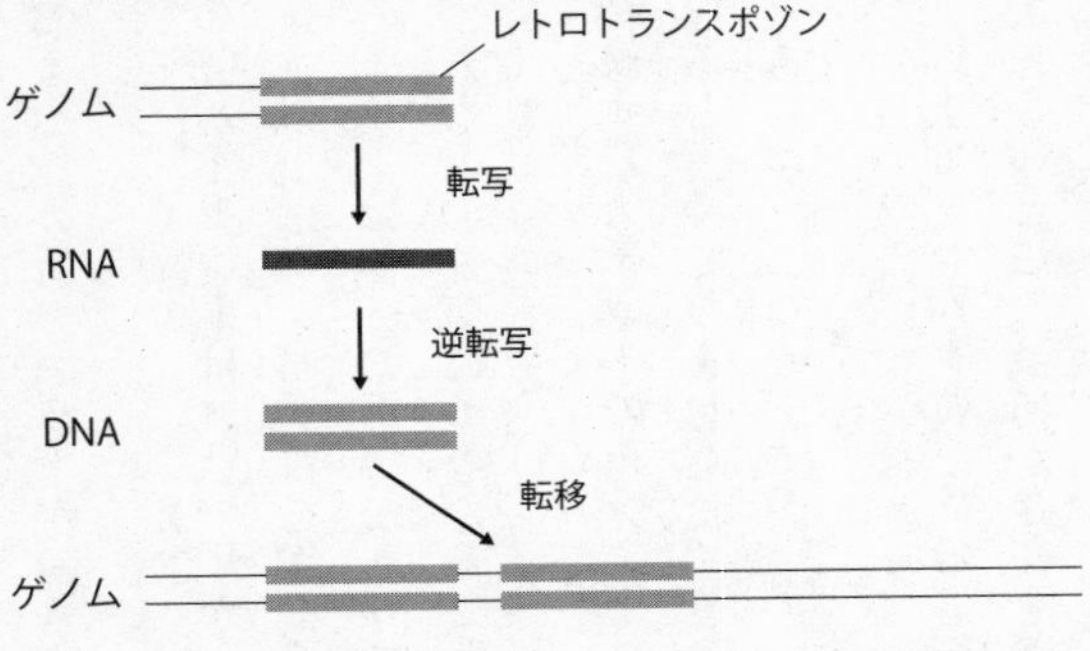

全体として元のゲノムより長くなるため、複製エラーや、後述する組換えが起こりやすくなる

そのＲＮＡを元にＤＮＡが作られ、ゲノム中に転移します（右ページの図）。この〝レトロ〟は、セントラルドグマにおけるＤＮＡからＲＮＡという遺伝情報の流れとは逆向き（レトロ）という意味です。ＲＮＡからＤＮＡが作られることを「逆転写」といいます（＊）。

池上　ＲＮＡからＤＮＡという逆向きがあったのは驚きですね。ヒトのゲノムの中には、どれくらいレトロトランスポゾンがあるのでしょうか。

染色体の組換えが起きた場合と起こらなかった場合

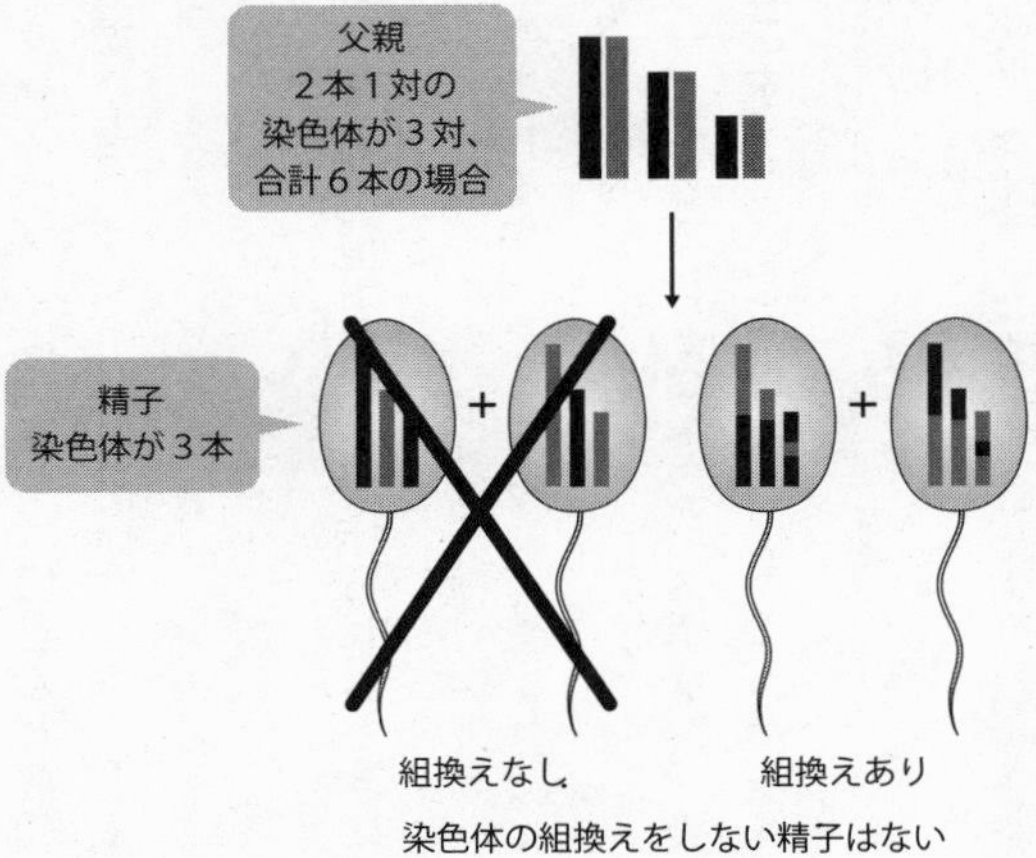

染色体の組換えをしない精子はない

岩﨑　なんと約40パーセントも占めています。タンパク質を作る遺伝子の部分よりもずっと高い割合です。レトロトランスポゾンは現在ではほとんど機能していませんが、進化の長い歴史を振り返れば、生命の多様性を作り出すしくみの一つになっています。

池上　他にも多様性を作るしくみがあるのですか。

岩﨑　染色体の「組換え」というものがあります。精子と卵子が作られるときに、**1対の染色体の間で交叉《こうさ》が起きる**のです（前ページの図）。組換えが起きると、新しい遺伝子の組み合わせが生まれます。そうすると、生まれてくる子どもに遺伝子の多様性が生まれるのです。

池上　**DNAの複製エラーが小さな差を作り、そしてレトロトランスポゾン、染色体の組換えが大きな変化を引き起こす。**こうした現象の積み重ねが多様性を作るわけですね。

（＊）ヒトのゲノムの中にあるレトロトランスポゾンは進化の名残であり、現在は逆転写されてゲノム中で増えることはほとんどない。ところが、一部のウイルスは今でも逆転写を利用している。たとえば、ＡＩＤＳ（後天性免疫不全症候群）の原因ウイルスであるＨＩＶ（ヒト免疫不全ウイルス）は逆転写を行うことで、ヒトの免疫細胞のゲノムにＨＩＶの遺伝子を入り込ませる。入り込んだＨＩＶ遺伝子からＨＩＶを構成するタンパク質が作られ、ＨＩＶが免疫細胞内で増殖する。やがて免疫細胞が減ることでＡＩＤＳを発症する。

04-04 ゲノムに大量の無駄があるのはなぜですか

池上　ゲノムの大きさは、塩基対の数で表しますよね。ヒトなら30億塩基対。他の生物はどうなのですか。

岩﨑　大腸菌は460万塩基対、昆虫であるショウジョウバエは1億8000万塩基対ですね。植物である小麦は170億塩基対です（左ページの図）。

池上　小麦のほうが多いのですか。ゲノムサイズが小さければ下等生物というわけではないのですね。なぜ、こんなにもゲノムサイズが大きい生物がいるのですか。

岩﨑　ゲノムサイズが大きくなると、遺伝子を担う部分が相対的に少なくなり、遺伝子として機能していない部分が多くなります。無駄に思えますが、子どもが生まれるときに、先ほど説明した組換えが起こりやすいというメリットがあります。

池上　**無駄に思えるところが、実は多様性を作りやすくしているというのは面白いです。**でも多様性といっても、ゲノムで見ればほとんど一緒だという生物はいますよね。

岩﨑　ヒトとチンパンジーは２パーセントしか違いがありません。

池上　私たちはほとんどチンパンジーなわけですか。

田口　その印象は数字のとらえ方によって大きく変わります。２パーセント、つまり50分の1と、DNA複製エラー率の２億５０００万分の1とはかなり違いますよね。

池上　そうか。そう考えると２パーセントは大きくかけ離れていますね。

田口　多様性を作るさまざまなしくみが蓄積すること

ゲノムの大きさの違い（単位：塩基対）

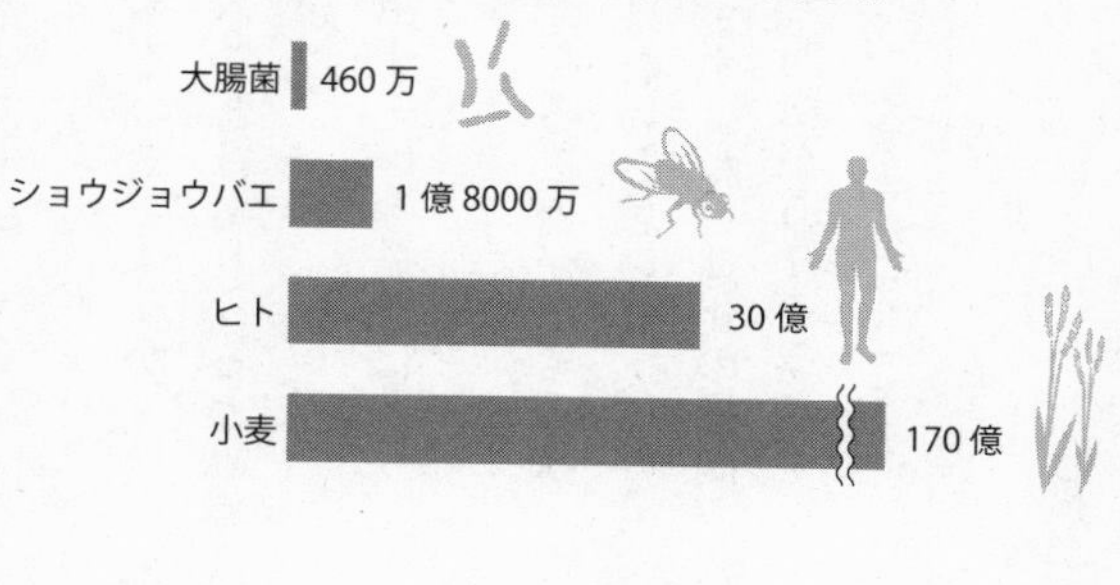

で、2パーセントという、小さいようで大きな差を作っているということです。

池上　いずれは、ヒトではない超人類が誕生する可能性はあるのでしょうか。

田口　今までの生命の歴史を振り返れば、超人類が誕生することはありうると思います。それがいつになるのかまではわかりませんが。

池上　生命科学が発展している今、人工的に超人類を生み出すという発想はどうですか。

岩﨑　ゲノム編集という技術を使って、受精卵のゲノムを変えることができる状況になっています。全くありえない、という発想ではないと思います。

池上　でもそれは、デザイナーベビーの問題にもつながりますよね。進化の方向を人間が決めてもいいのかという意味においても、問題がありそうです(ゲノム編集については第5章「ゲノム編集は私たちの未来を変えますか」に続く)。

04-05 生命には無駄や多様性が必要ですか

池上　ゲノムに無駄を作らせてでも、生命には多様性が必要というわけですか。人間社会でも、多様性のある社会のほうが強いと言いますが。

田口　多様性のあるほうがロバスト（強靭《きょうじん》）であるということで、いろいろな環境や事態に対応できるからです。

池上　バクテリアのゲノムには無駄な部分がほとんどないということですが、逆に言えば多様性が生まれにくいということですか。

田口　そのとおりです。だからバクテリアは数十億年もの間、大きな進化がなかったと考えることもできます。

池上　**ゲノムの無駄なところが、実は多様性を作るのに重要であったわけですね。**

田口　無駄といっても、今は私たちが解明できていないだけで、もしかしたら生命にとって重要な機能が潜んでいるのかもしれません。

池上　人間の会社の中でも、会社が危機になると、普段は何もしていない人が活躍するということもありますからね。それに近いことが生命にもあるということでしょうか。

田口　生命の長い歴史を振り返れば、そのたとえは正しいと思います。あらかじめ多様性を作っておく、言い換えればそのときは無駄かもしれないものを作っておくことで、環境が激変しても生き残るものが出てくる確率を高めているわけです（下の図）。

多様性を作っておき、どれか生き残ればいい

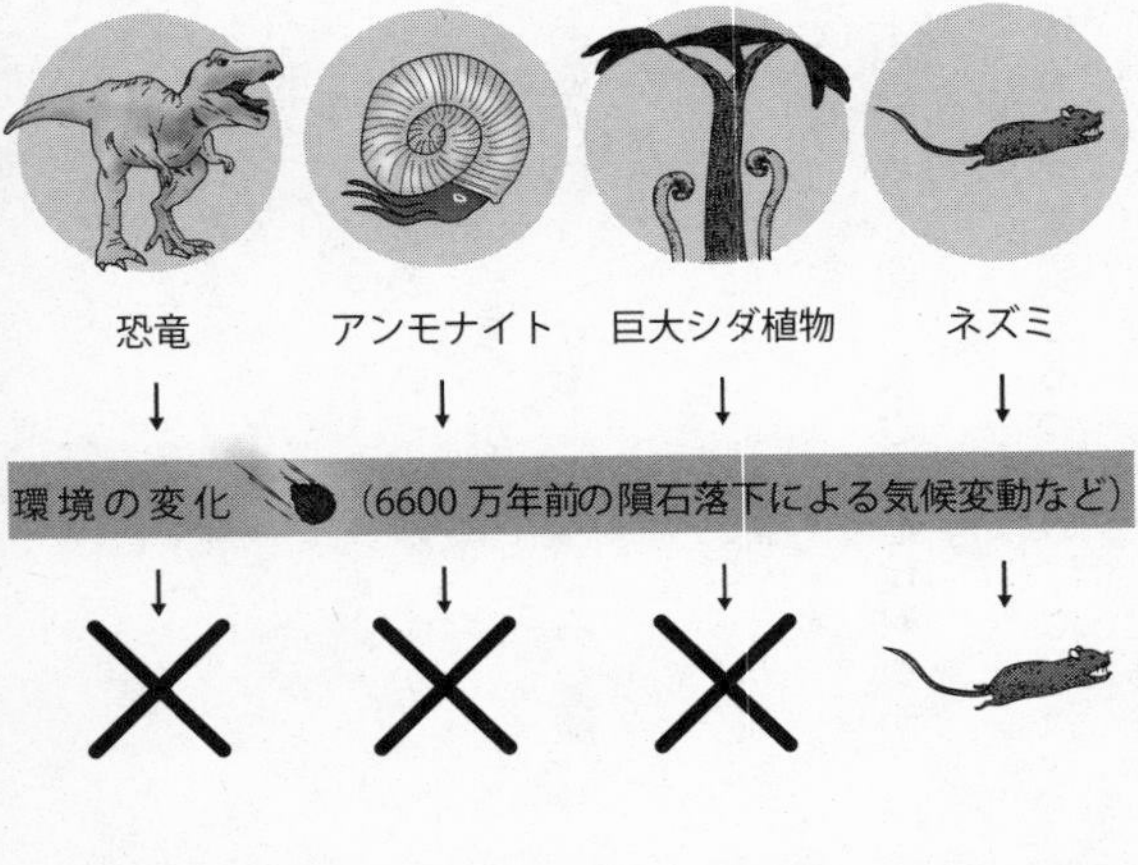

池上　生命を語る上で、**無駄や多様性がキーワード**となりそうですね。「下手な鉄砲でも数撃てば当たる」ように、無駄に見える行為やしくみが正しいということですね。

田口　実はそれは、DNAの塩基配列を決める分析方法にも当てはまっているのです。昔の分析機械は塩基一つひとつを、時間をかけて正確に読み取っていました。しかし最新の分析機械は、間違いが含まれているかもしれない多くの情報を短時間で読み、その中から正しい情報を取り出すシステムにしています（＊）。

池上　間違いという無駄が含まれているのを承知の上でやることが、むしろ時間短縮につながっているのですね。

岩﨑　一昔前では、そんな方法は無駄でばかげていると言われましたが、今では主流になっています。順番に考えられることだけをやるよりも、ランダムにやっていく中から情報を得る方法のほうが、結果的にコストや質の面で有利だということです。

池上　無駄なことを生命は何十億年も続けてきたからこそ、今のように多様な生命が現在まで生きているのですね。会社が効率化ばかりを求めて、一見働いていないように見える人をリストラしてしまうと、将来に禍根《かこん》を残すかもしれませんね。

岩﨑　そうかもしれませんね。DNAのわずかな複製エラーの積み重ね、レトロトランスポゾンに代表されるゲノム上の大量の無駄な部分、そして、染色体の組換えなどがあるおかげで、現在の多様な生命が生まれてきたのです。そういうしくみがあることを、ようやく最近になって人間が理解できるようになってきたということです。

（＊）DNAの塩基配列を分析する機械は「DNAシーケンサー」または単に「シーケンサー」と呼ばれている（詳しくは第5章「05‐11 どうやってゲノムを調べるのですか」参照）。1990年代、ヒトの約30億塩基対すべてを調べるのに13年、3500億円かかっていた（いわゆる「ヒトゲノム計画」）が、「次世代シーケンサー」という機械が登場したことで高スピード化と低コスト化が進み、最新機種では2週間、10万円で調べることができる。

04-06 進化とはどのようなことですか

池上　多様性が生まれるようになってから、生命は大きく進化したということになるのですか。

田口　進化と言いますか、**生物の種類が爆発的に増えていった**と表現するのが正確です。**その中から環境に適応したものだけが結果的に生き残ると「進化」ということになります。**

池上　今までに聞いてきた、細胞膜で物質のフィルタリング、DNA複製や細胞分裂、さまざまなタンパク質の機能、セントラルドグマなど、生命にはたまたまできたとは思えない複雑なしくみが多いですよね。そういうものを作ろうとする「意志」があったのではないかと感じずにはいられません。

田口　確かに、そういう「意志」があると考えるほうが簡単です。われわれがものを作るときには、目的が最初にあります。自動車工場であれば、自動車という完成形を作るという目的や意志があり、決まった部品しか作りません。しかし生命の歴史は違います。**いろんな形の部品を手当たり次第作っていき、その中でうまく機能するものだけがたまたま生き残り、それを繰り返して、さらに最適化を重ねて今の生命があるのです。**これが実際の進化のストラテジー（戦略）ですね。

池上　今、ストラテジーと言いましたけど、ストラテジーだと意志が含まれています。やはり擬人化していますね。

田口　そうしたほうが、私たちもわかりやすいですし。

池上　進化って、どこか意志や戦略があるように感じる言葉ですよね。

田口　そもそも「進化」という日本語が、誤解を招きやすいと思います。「進む」という文字が入っているので、いい方向に行くという印象をもってしまいがちです。でも、多様なものの中からたまたま生き残ったというしくみを考えると、**進化は「変化」に過ぎない**のです。変化したもののうち、たまたま環境に適応したものが生き残ったというだけなのです。

池上　その「変化」の結果が多様性ということですね。

田口　進化は、道筋があって進んできたものではありません。いろいろなものを作るという多様性を利用して、とにかく試すということを膨大な時間の中で繰り返してきたのです。そして、たまたまいいものだけが生き残った。そこには明確な意志があるのではなく、単に確率的な問題です。

池上　昔の人は、そこに明確な意志や創造主のようなものがあると考えたわけですね。

田口　こんなに複雑な生命が偶然にできたなんて信じられない、何者かが意志をもって作ったに違いない、昔の人がそう考えるのは無理もないと思います。でも、宗教や思想に関係なく、今日までに生命科学が明らかにしてきた進化の本質はぜひ知っていただきたいです。

04-07 秘境、深海、そして地球外に未知の生命はいますか

池上　無駄や多様性を元にして生命は進化してきた。そして地球のあらゆるところに生息するようになったと。でも、私たちはすべての生物を知っているわけではないですよね。私たちがまだ知らない生物が、アマゾンなどにはいるかもしれない。

田口　あと、最近注目されているのが深海の微生物ですね。今までは微生物を見つけたとしても、それを増やす環境を整えないと生物として調べることができず、見過ごされてきた微生物がかなり多くいました。

池上　微生物を培養して増やす条件は、微生物によって違うようですね。

田口　そうなのです。だから、以前は培養できる微生物しか研究の対象になりませんでした。微生物の場合、1匹だけでは研究できず、数億匹まで増殖さ

せて初めて研究できるようになります。でも最近は、培養できない微生物からDNAだけを取り出して、DNAから遺伝子やタンパク質を研究できるようになってきました。生き物としての微生物がいなくても、DNAなら試験管の中で簡単に増やすことができるからです。

池上　新しい微生物は見つかっているのですか。

田口　どんどん見つかっていますね。やはり、人類がまだ気付いていない生物は膨大にいるということです。未知の生命現象をもっている生物がいても、何の不思議もありません。

池上　今まで地球上の生命について聞いてきましたが、地球外の生命についてはどうお考えですか。

岩﨑　存在する確率はものすごく低いでしょうね。地球上の生命は、いろいろな偶然が重なって生まれたものですから。

池上　広大な宇宙に、人類と同じレベルの知的生物が存在する確率を出す計算式がありますよね（＊）。その計算式を元にすると、その確率はゼロに近い。私たちはやはり奇跡的な存在なんだと改めて感じます。

田口　私たちが想像する宇宙人は人間に近い形ですが、あれは相当思い込みが入っています。人類と同じ知的レベルかどうかは別として、もし地球外に生命がいるとしても、私たちが認識できない可能性は十分にあります。

池上　私たちが思い描く生命の形ではないのかもしれない、ということですか。

田口　地球上の生命は次の世代の子どもを作るのに、大腸菌のような単細胞生物であれば20分、人間なら数十年という幅に収まります。でも、もし数万年に一回の頻度で世代交代する生命がいたとしたら、普段は何もしていないように人間の目には映ってしまいます。それが生命だと、私たちは気付かないでしょう。

池上　生命が存在すること、**生命を生命と認識できること自体が奇跡的なことなのですね。**

（＊）この計算式は、ドレイクの方程式（またはグリーンバンク方程式や宇宙文明方程式）と呼ばれている。銀河系で人類と交信できるほど高度に発展した文明の数をNとすると、次の式で表現できるという。

$$N = R \times fp \times Ne \times fl \times fi \times fc \times L$$

それぞれの項の意味は次のとおり。

R：1年間で銀河系の中で誕生する恒星の数
fp：その恒星が惑星をもつ確率
Ne：生命の生存に適した惑星の数
fl：その惑星で生命が生まれる確率
fi：その生命が知性をもつ確率
fc：その知的生命体が惑星外と交信できるほど文明が発達する確率
L：その文明の寿命

それぞれの数字を低めに見積もった場合はN＝1、つまり地球のみになる。

04-08 これからの生命科学はどこを目指すのですか

池上　これから、生命科学はどう進んでいくのでしょうか。

田口　ゲノムの情報から一人ひとりの人間がどのように決まっていくのか、という問題を解くことができるかどうかでしょう。最初に述べましたが、根源的な、究極的な問いである**「自分は何であるか」に答えることが、生命科学の目標**になると思います。

池上　非常にシンプルなゴールですね。

岩﨑　もう一つの大きな流れは、人間の手で生命、つまり細胞を創り出す合成生物学だと思います。

池上　42ページ「01-06　最初の生物はどんなものだったのですか」で話題になった分野ですね。

田口　はい。細胞を一から創ることで初めて理解したというならば、**合成生物学は生命を真に理解するための分野になります。**

池上　でも、人工的に細胞を創ってもいいのかという倫理的な問題はありますよね。

田口　はい。とはいえ合成生物学は、今の私たちに至った生命の歴史の一部を再現することが目的であり、重要な分野だと思います。どうやって最初の生命は誕生したのか、なぜ遺伝子を担う物質としてDNAを使ったのか、なぜタンパク質を構成するアミノ酸は20種類なのか。合成生物学でないと解明できない問題は多くあります。

池上　生命科学が多くの生命現象を明らかにしてきたものの、まだわからないことも多くあるのですね。でも、これまでのお話を聞いて、生命というのは本当によくできたものであると感心しています。

04-09 細胞がわかると生命がわかる

池上　こうやって生命の話を聞いていて、その素晴らしさに触れていると、身の回りの問題が小さく見えてきますね。生きているだけで奇跡であると。

田口　よく、星を見て俗世を忘れるというのはありますよね。同じように、細胞を見れば俗世を忘れられるかもしれませんよ。細胞の中にあるしくみを知っていれば、余計にそう感じます。

池上　九死に一生を得た人は、生きているだけでありがたいと思うようになると言いますよね。

田口　病気になって自分の細胞のことを意識するようになった人もいると聞きます。

池上　人間って不思議ですよね。病気にならないと細胞や命を意識しない。何も意識しないときが一番健康であると。

田口　病気からわかることはすごく多いのですが、それは遺伝子も同じです。正常な状態から遺伝子の機能を知ることは非常に難しい。どの遺伝子が変化するとどんな異常が生じるのか、そこから調べるというのが生命科学の基本です。

池上　確かに、そういう学問ですよね。

田口　ヒトのゲノムは約30億塩基対ありますが、そのうちどこが重要かというのは、病気との関係からわかることが多いのです。因果関係が明確にわかりますから。

池上　この遺伝子が駄目になるとこの病気になる。だからこの遺伝子はこういう機能をもっているはずだと。

田口　生命を理解するには、そうやって部分的な知見を積み重ねるしか、今のところ方法がないのです。全体を理解することはとても難しい。

池上　でも今回、いろいろなお話を聞いて、生物の種ごとの細かい特徴よりも、細胞から見た**生命全体**のしくみの**一端**を知ることができたと思います。

岩崎　大きな流れを把握すれば、**無理に暗記しなくても、多様性の意味を理解で**

きます。

田口　どの生命も1個の細胞から始まり、セントラルドグマという統一原理のもと、多様な機能を身に付けてきました。バクテリアも、植物も、人間も、それぞれ見た目や生き方が違うけれども、生命のしくみの根本は同じなのです。生物は決して暗記科目ではなく、**統一原理から始まる多様性にあふれた世界**であることを感じていただければと思います。

第5章

「ゲノム編集は私たちの未来を変えますか」

05-01 中国のゲノム編集ベビーはどこが問題なのですか

池上　前回の鼎談のとき（２０１６年４月）、「ゲノム編集」という技術を使って人間の受精卵のゲノムを変え、人工的に超人類を生み出す発想は全くあり得ないものではないという話をしていました（第４章の２４８ページ「04-04　ゲノムに大量の無駄があるのはなぜですか」）。当時は「もしかしたら」というくらいの発想でしたが、２０１８年11月に中国でＨＩＶ（ヒト免疫不全ウイルス）に感染しにくいように遺伝子を変えた双子が生まれたというニュースが飛び込んできました。本当に人間の遺伝子を変えて、その子が誕生してしまったのかと衝撃でした。

田口　あのニュースは私たち研究者にとっても衝撃でした。人間の受精卵に対してゲノム編集をやってもいいのか、世界中が慎重になっていた中で突然生

池上　まれたのですから。

田口　正直なところ、研究者としてやってみたいという気はありますか。
さすがに、あそこまで大それたことをやりたいとは思いません。でも、後でお話ししますが、病気を治すだけでなく筋肉を増強したいとか、そういったことはこれからいくらでもできるようになると思います。研究者ではない普通の人でもゲノム編集ができるようになる可能性すらあります。そういう意味ではみんなに関係のあることです。

池上　中国の出来事では何が問題なのですか。

田口　まず、人間に対して何か医療的なテストをするときには、事前に所属する組織の倫理委員会などから承認を得ないといけないのですが、**申請なしにいきなりゲノム編集をやってしまった**ということが第一の問題です。現状では、このような委員会で承認されることはあり得なかったはずです。

池上　なるほど。

田口　次に技術的な問題として、ゲノム編集という技術は非常に画期的ですが、今のところは完璧ではなく、**狙ったところ以外の遺伝子も変えてしまう**可能性があります。これをオフターゲット効果と呼びます。また、今回はCCR5という遺伝子を変えたのですが、この遺伝子が何をしているのか完全に解明されておらず、HIV感染以外にどのような影響が生じるのか、誰にもわからないところも大きな問題です（302ページ「05-10 ゲノム編集の問題点は何ですか」参照）（＊）。

（＊）CCR5遺伝子は、血液に含まれる細胞の一種である白血球の表面に存在するタンパク質を作る。このタンパク質を目印にしてHIVは白血球に感染する。CCR5遺伝子の中の特定の塩基が変化すると完全なタンパク質を作ることができず、HIVは白血球に感染しにくくなることがわかっている。中国で行われたゲノム編集では、父親がHIVに感染しているカップル7組から受精卵が作られたが、父親の精液からHIVを除去して子どもがHIV感染しないようにする技術は確立されており、ゲノム編集が医学的にどうしても必要だったのかという批判もある。ゲノム編集を行った研究者は、受精時のHIV感染ではなく、大人になってからでもHIV感染しないようにするためだと主張した。

05-02 ゲノム編集とは何ですか

池上　具体的にゲノム編集ってどういうものですか。どうやって行うのですか。

岩﨑　基本的には、遺伝子である塩基の配列を変える技術です。

田口　ゲノム編集にはいくつかの方法がありますが、2012年に登場した「CRISPR-Cas9（クリスパー・キャスナイン）」という方法は突然現れた革命のようなツールです。今までの方法と比べて、とても簡単に、どんな生物に対しても遺伝子を変えられるというブレイクスルーです。基礎研究にとっては大きな飛躍だったし、中国のゲノム編集ベビーのときにも使われました。

岩﨑　まず、変えたい遺伝子のDNA配列にくっつく配列をもったRNAを用意します。DNAもRNAも4種類の塩基が含まれていて、塩基でペアを作ることができます。この性質を利用して、どこの遺伝子を変えるのか指定します。

池上　AとT、GとCがペアになるというものですね。

岩﨑　RNAではTの代わりにUがあってAとペアになるという違いはありますが、ほぼ似ています（第2章の152ページ「02‐13　DNAとRNAが両方あるのはなぜですか」）。そしてDNAとRNAがくっついたところを、Cas9という酵素が切ります。細胞は自ら切れたDNAを直そうとするのですが、そのとき間違えてしまうのです。これを利用して、狙った遺伝子を変えることができます。まとめると、**RNAで狙いを定め、Cas9でDNAを切り、DNAが修復するときに元とは違うDNA配列にすることがCRISPR‐Cas9**です（次ページの図）。

田口　私が思っているCRISPR‐Cas9の画期的なところは、切りたいと思うDNA配列に対してちゃんと狙って切ることができる「ハサミ」が使えるようになったことです。ハサミというのは、DNAを切る酵素のことで、遺伝子を扱うためには必須のツールです。今までは、特定の配列だけ

CRISPR-Cas9の原理

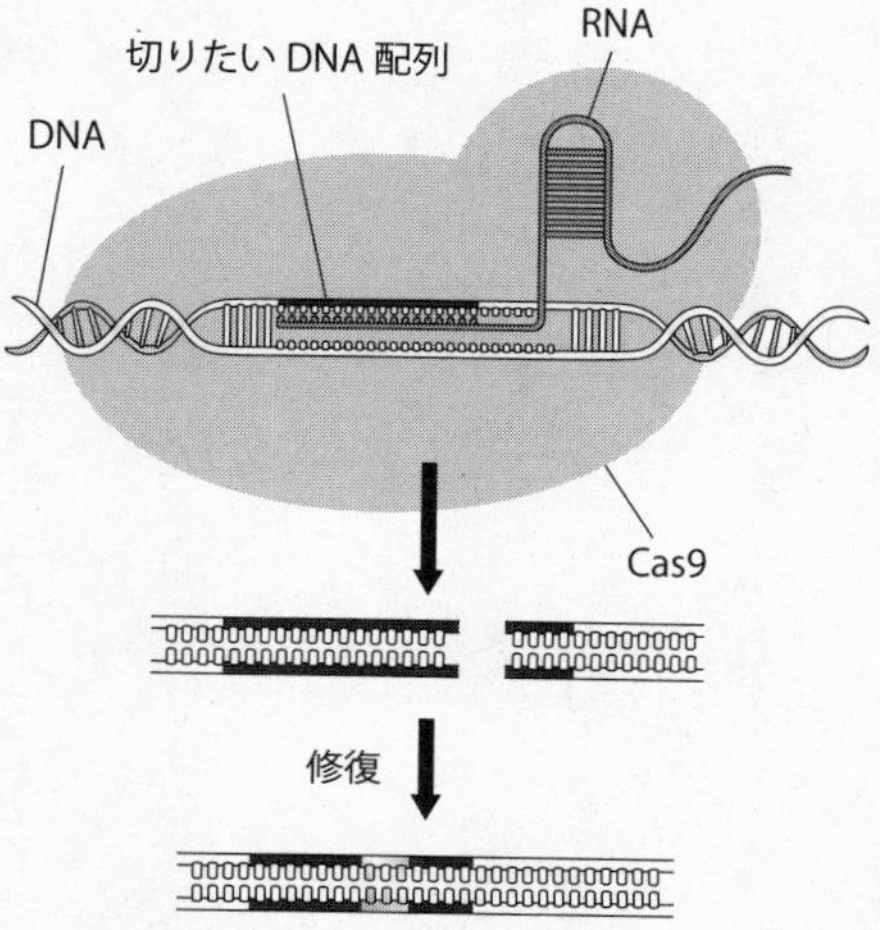

間違えて別の塩基が入ったり、
いくつかの塩基がなくなったりして遺伝子の機能が変わる

切れるハサミしか私たちは持っていなかったのです。自由ではなかったんですよ。だから遺伝子を変えようと思ったらかなり大変だったのですが、**どこでも自由自在に切れるハサミを手にしたことに大きな意味があるのです。**

池上　汎用性のあるハサミが手に入った、ということなんですね。

05-03 ゲノム編集と遺伝子組換えは、どこが違うのですか

池上　遺伝子を変えるというと、以前から「遺伝子組換え」がありますよね（第2章の128ページ「02-08 遺伝子組換え食品が有害だというのは思い込み？」）。遺伝子組換えとゲノム編集はどう違うのですか。

岩﨑　遺伝子組換えは、試験管などに細胞を用意して、そこにDNA断片を外から入れます。**ゲノムの中に、外部から入れたDNA断片が入り込むことを遺伝子組換え（DNA組換え）**といいます。大腸菌など単純な生き物ではうまくいったのですが、高等生物に応用しようとなるとなかなかうまくいきませんでした。それを克服して遺伝子組換えマウスを作ることに成功した人たちが2007年にノーベル生理学・医学賞を受賞したのですが、それでも効率はすごく悪いのです。

池上　効率が悪いというのは、具体的にどれくらいですか。

岩﨑　細胞を100個用意できたとしても、まともに使えるものは1個か2個くらいです。基礎研究や遺伝子組換え作物を作るなど、数で勝負できるときにはそれでもいいのですが、人間に応用できるかというと技術的なハードルがすごく高かったんです。

池上　確かにそれは厳しいですね。

岩﨑　遺伝子組換えでは組み換わった配列をもつDNA断片をあらかじめ用意して細胞の中に入れるのですが、それをせずに**細胞内でDNA配列を変えるのがゲノム編集**です。

田口　遺伝子組換えは時間もコストもかかるのですが、ゲノム編集は短時間であまりお金もかからずにできるのも、大きな違いです。

池上　昔から遺伝子組換えという技術があったけれど、もっと精度高く簡単にできるのがゲノム編集であると。編集という言葉は、本の編集など、目的に向かって正確に仕事をするときに使いますからね。

田口　多分そういう意味で編集という言葉が使われるようになったんだと思いま

す。ただ、出版の世界では文章を入れ替えたり新しい文章を付け加えたりすることも編集に入るようですが、ゲノム編集ではそこまで大胆なことはできません。ゲノム編集は、ある一部の塩基を抜いたり、違う塩基に変えたりというレベルです。出版業界の編集にたとえるなら、一文字の誤字脱字を修正する程度、といったところです。しかし、今のスピードで技術革新が進むと、もっと大きな改変も自在にできるようになるのは時間の問題だと思いますが。

池上　今、人間の受精卵に対してゲノム編集をしてもいいのかという議論がありますが、遺伝子組換え技術ができたときにもそういう議論はあったのですか。

岩崎　もちろんありました。当時は人間への応用というよりも、遺伝子組換えした生物が実験室から逃げ出して生態系を変えたり、危険な微生物が流出したりすることが危惧されていたので、遺伝子組換え実験に対するルールを定めようとする動きでした。その一方で、どんどん実験を進めて成果を出していきたいという思惑もあるなど、国によって立場が異なっていました。

そうした中で1975年にアシロマ会議というものが開かれ、研究者の間で遺伝子組換え実験に関する世界的な合意がなされて、その合意をもとに各国で法律や指針などが作られました。その延長線上にあるのが今のゲノム編集に関する議論だと思います。

池上　ずいぶん前からそういう議論があったけれども、ゲノム編集という精度の高い技術が出てきて、改めて人間に応用してもよいのか注目されるようになっている、ということですね。

05-04

CRISPR-Cas9はどうやって開発されたのですか

池上　CRISPR-Cas9は突然現れたような印象をもっているのですが、昔から研究がされていたのですか。

岩﨑　それについては自慢させてください。

池上　お、何でしょうか。

岩﨑　最初のきっかけは、私が大学院生のときの2つ上の先輩の発見なんです。

池上　なんと！

岩﨑　今は九州大学教授の石野良純《いしのよしずみ》先生です。バクテリアのある遺伝子のDNA配列を解析していたとき、その後ろに奇妙なDNA配列があることを見つけたのです。**同じ配列のパターンが繰り返し出てくると**。これが後に「CRISPR」と名付けられた配列です。研究していた遺伝子に関する論文を発表したとき、奇妙なＤＮＡ配列の繰り返しパターンがあるけれども機能は不明、ということを少しだけ書いていました。それが１９８７年のことです。

池上　ずいぶん前ですね。そこから研究が始まったのですか。

岩﨑　いいえ、しばらくは忘れ去られていました。２０００年代になってから、バクテリアの免疫システムの研究の中で、石野先生の成果も含めてＣＲＩＳＰＲが改めて注目されるようになります。その後、ほかの科学者が研究を進めたところ、抗体などを使わない非常に原始的な免疫で、**バクテリアの細胞内に侵入してきたウイルスのＤＮＡを認識して壊すためにＣＲＩＳＰＲが使われていることがわかったのです**（＊）。

池上　ＣＲＩＳＰＲの発見もバクテリアの研究も、どちらも基礎研究ですよね。

岩﨑　当時はゲノム編集なんて想定したわけではなく、基礎研究の中の基礎研究でした。その中で、ウイルスのＤＮＡを認識して壊せるのなら、自分のゲノムも含めてＤＮＡを切り、そのときの修復ミスでＤＮＡ配列を変えることができるのではないか、という発想から生まれたのがゲノム編集であり、

池上　ＣＲＩＳＰＲ-Ｃａｓ９です。何の役に立つかわからない基礎研究をやっていたら、こんなふうに花開いたと。大隅先生のオートファジーの研究とよく似ていますね。

田口　まさにそうです。**最初はこんなことになるとは誰も思わずに研究していたらとてつもない応用につながった、非常にいい例になると思います。**

池上　基礎研究がいかに大切かということがここでも示されたわけですね。

田口　バクテリアの基礎研究なので、今だったら十分に研究費がもらえないような研究だったのかもしれませんが、それを着々とやっていた人たちがあるとき急に気づいた、ともいえます。

池上　すっかり忘れていても論文という形で残っていることで、誰かが見つけてくれるかもしれませんね。２０１９年にリチウムイオン電池の開発でノーベル化学賞を受賞した吉野彰先生も、研究室の片付けをしていたときに昔の資料を見つけてひらめいた、とおっしゃっていました。

田口　思わぬところでアイデアは出てくるものですからね。

池上　やっぱり研究室をときどき掃除しないと。

石野良純先生の発見

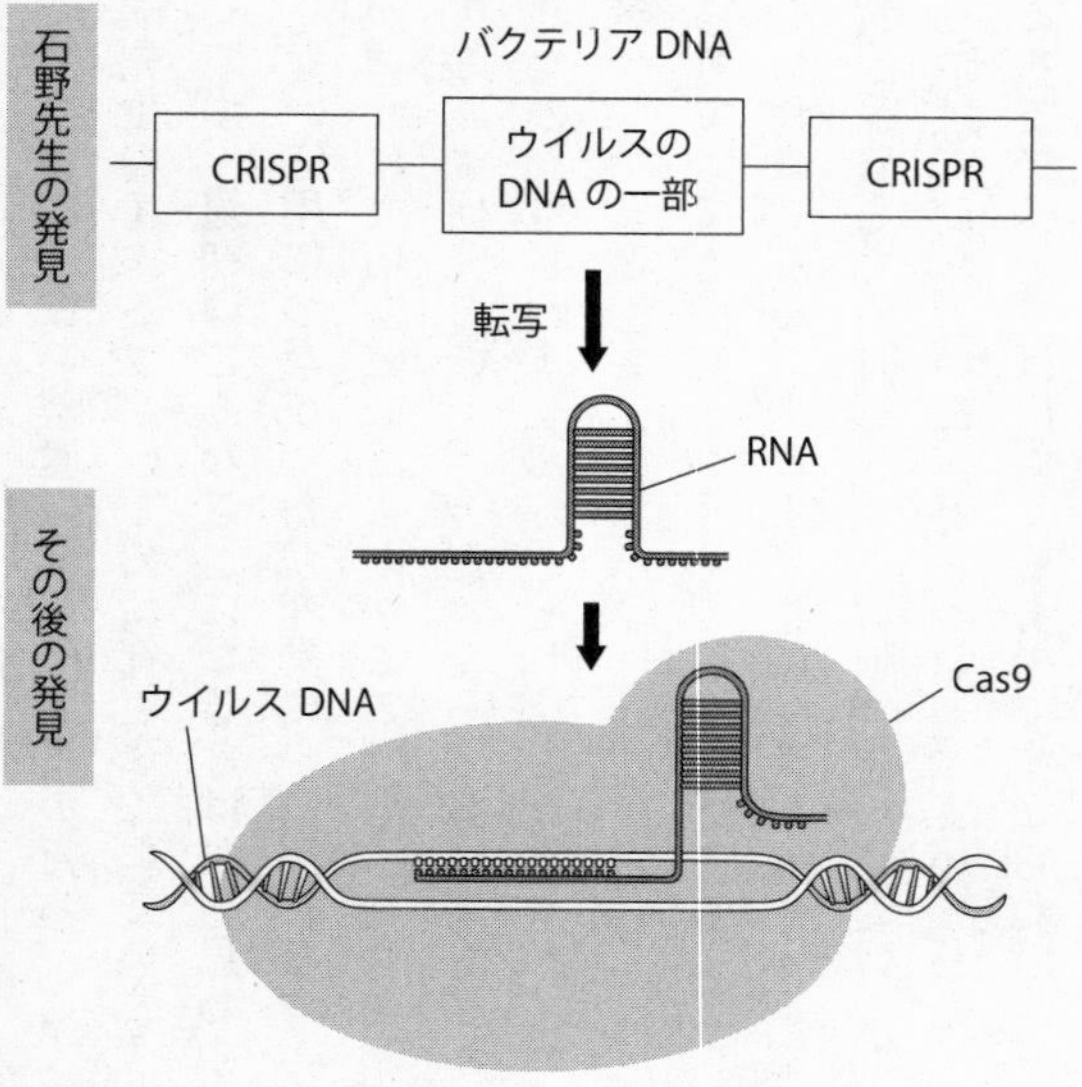

Cas9 がウイルス DNA を切断

田口　ははは、そうかもしれませんね。

（＊）バクテリアでは、ＣＲＩＳＰＲの繰り返し配列の間に、ウイルス由来のＤＮＡ配列が含まれている（右ページの図）。ＣＲＩＳＰＲのＤＮＡ配列がＲＮＡに転写されるとＲＮＡは特殊な構造をとり、繰り返し配列の間にある配列がウイルスＤＮＡを認識し、Ｃａｓ９などのＤＮＡ切断酵素がウイルスＤＮＡを破壊する。こうしてウイルス感染を防ぐ。

05-05 ゲノム編集で病気を治せますか

池上　ゲノム編集でこういう病気を治せるだろう、というものはあるのですか。

田口　**原因が一つの遺伝子変異だけのものについては、治療できる可能性が十分あります。**たとえば、欧米に患者の多いハンチントン病や囊胞性線維症《のうほうせいせんいしょう》などがあります。受精卵ではなく「体細胞」にゲノム編集をして治療するための臨床試験は、今後間違いなく増えると思います。

池上　受精卵ではなく体細胞にゲノム編集、とはどういうことですか。

田口　受精卵、それから精子と卵子へのゲノム編集は、子どもや孫へと世代を超えて受け継がれてしまいます。影響が未知数であり、生まれてくる子どものゲノムまで人為的に変えてしまっていいものかという問題があります。

池上　最初に話した、中国のＨＩＶ感染防止のためのゲノム編集は受精卵に対して実施したものでしたね。

田口　それに対して体細胞というのは、精子と卵子以外の細胞のことを指すのですが、体細胞にゲノム編集をしても、そこから精子や卵子が作られることはなく、ゲノム編集した変化が子どもに受け継がれることはありません。もし副作用などが生じたとしても、患者本人の中だけで完結することになります。それは通常の新薬などと同じ問題なので、ゲノム編集も同じ扱いで治療法が開発されることになるだろうと思います。

池上　そうか、**患者の細胞のゲノムだけを変化させるのか、子どもまで変化が伝わってしまう受精卵や精子や卵子のゲノムを変えるのか、分けて考えないといけない**のですね。

田口　そういうことを考えるときに、ゲノムとは何か、子どもを作るとはどういうことなのかなど、生命のしくみを知っておく必要があります。ゲノム編集のことをニュースで表面的なことだけを聞いても、本質を理解していないと正しく判断できないと思います。そのときに、この本に書かれていることは役立つと思います。

岩﨑　患者の全身の細胞で遺伝子が変異しているということは、精子や卵子の遺伝子も変異していることになります。その患者の体細胞にゲノム編集をして病気を治せたとしても、精子や卵子の遺伝子は変異したままだから、子どもには病気が伝わってしまいます。それはそれで別の問題であることを知っておかなければいけません。

池上　技術的な問題だけでなく倫理的な問題もあり、それこそ生き方の問題にもなっていますね。科学が進めば進むほど、倫理の問題が後から生まれてくるように思えます。

05-06 ゲノム編集で農畜産物を品種改良できますか

池上　人間以外の動物にゲノム編集をする、ということは考えられているのですか。ゾウの遺伝子をマンモスのものに変えてマンモスを復活させようというプロジェクトがあると聞いたことがあります。

田口　ハーバード大学教授のジョージ・チャーチ先生たちが掲げているものですね。確かにあります。他にもマイクロブタという、すごく小さいブタがゲノム編集によって創られました。

池上　何のために、ですか。

田口　新しいタイプのペットです。小さければかわいい、そういう発想で作られたものです。

池上　確かに、ブタには汚いイメージがありますけど、実は清潔好きなんですよ。

小さくすればペットとして家の中で飼えますよね。

田口　そういう変わった動物を飼いたいという人はいるでしょうね。日本にもすでにネコカフェならぬマイクロブタカフェがあって、今そこにいるマイクロブタは品種改良で生まれたものですが、ゲノム編集でも新しい品種を創ることができた、ということです。

池上　でも考えてみると、イヌだっていろんな愛玩犬がいるから、それと同じなんでしょうね。

田口　長い時間をかけていろんな犬種が生まれてきましたね。

池上　やたら胴が長かったり、足が短かったり。

田口　それらも、もともとはいなかったわけですから。

池上　それと同じなのか、人為的にちょっと早めるだけの違いなのか、それはどうなのかという問題になりますね、ここは。

田口　そうだと思います。イヌはもともとオオカミから進化したもので、数千年の長い年月をかけて少しずつ今のものに変わってきたものと考えられています。それを数年で実現できるのがゲノム編集です。

池上　植物ではどうですか。以前から遺伝子組換え作物がありますが。

田口　農作物も、今までは時間をかけて交配して品種改良をしてきました。遺伝子組換え技術によって別の生物の遺伝子を入れることができるようになりましたが、ゲノム編集を使えば農作物の改良も一気に進むでしょう。こうしたい、という願望がどんどん実現しやすくなります。

池上　収量を上げるとか、栄養価を高めるとか、などが想像できますね。

田口　すでに研究段階では多くの作物で成功しています。農作物だけでなく、ウシやマダイなど、研究段階ですが畜産業や漁業の分野でも肉付きのいいものがゲノム編集でできてきています。

池上　そういうことをやってもいいのかという意見がある一方で、人口が増えたり気候変動が起きたりしたとき、将来の食料不足に対応できるという見方もありますよね。

田口　その点についてはずっと議論が続いているのですが、個人の考えだけでなく国によって温度差があるのも事実です。

岩﨑　たとえば、遺伝子組換え生物に関する取り扱いを決めた国際的な取り決めにカルタヘナ議定書というものがあり、日本やヨーロッパを含むほとんどの国が締結しているのですが、アメリカは批准《ひじゅん》していないのです。

池上　日本では遺伝子組換え作物の生産はほとんどないけれども、遺伝子組換え大豆は大量に輸入されて家畜の餌に使われている、という現実もあります。

田口　ゲノム編集した食品をスーパーなどで売るときに表示するかどうかは、それぞれの国で決めているのですが（＊）、現代ではものがグローバルに行き来するので、国ごとにルールを決めてもどこまで意味があるのか、という疑問はあります。**これから人類が直面するであろう食料問題を解決できる可能性がある一方で、生命をどんどん改変してしまうことに倫理的な問題はないのかという意見がある**のも確かです。では、最後に重要になるのは何かと聞かれると、個人的にはよくわからないというのが正直なところです。それくらい、悩ましい問題なのです。

（＊）日本では、ゲノム編集によって特定の遺伝子が切断されて変異したものについては品種改良と区別がつかないとして厚生労働省への届け出や店頭での表示は任意とする一方で、新しく外部から遺伝子を入れたものについては従来の遺伝子組換え食品に該当するとして届け出および店頭表示が義務付けられている。

なお、アメリカは現在の日本と似たような制度になっており、ＥＵでは人為的な方法で遺伝子変異を起こしたものは遺伝子組換えに該当するとしている。

05-07 ゲノム編集で感染症を撲滅させることはできますか

池上　マイクロソフトの創業者であるビル・ゲイツ氏が、ゲノム編集を使ってマラリアを撲滅するプロジェクトに資金提供していると聞きました。

田口　そのアイデアは、私が一番びっくりしたCRISPR-Cas9の応用方法です。

池上　蚊の遺伝子を変えるようですね。

田口　地球上で最も多くの人間を殺す生き物は何だと思いますか。人間が人間を殺す、つまり人間同士で殺し合うのは2番目で、**一番多く人類を殺しているのは蚊**です。マラリアやジカウイルスなどの病原体を媒介するからです。

池上　マラリアを媒介する蚊は今のところ日本では寒くて生息していませんが、温暖化が進むとどうなるかわかりませんよね。

田口　おそらく日本にもいずれは来ると思います。そうなると切実な問題になりますね。

池上　世界では毎年マラリアで40万人くらい死んでいますから、日本でも脅威になります。CRISPR-Cas9で、どうやってマラリアを撲滅するのですか。

田口　いろいろアイデアはあるようですが、一つは、**オスだけが生まれるように蚊のゲノムを変える「遺伝子ドライブ」**という方法があります。それを自然に放てば、いずれ蚊はオスばかりになって子孫を残せず絶滅するだろう、というものです。

池上　遺伝子ドライブで蚊を絶滅できそうなのですか。

田口　実験室レベルではうまくいっているようですが、試験的に野生に放ったときには意外と減らなかったという報告もあって、やはり生態系は思うように変わってくれないようです。

池上　そう簡単なことではない、ということですね。逆に、人類に脅威を与えるようにゲノム編集を悪用する可能性はありますか。

田口　病原体をさらに凶悪化させて生物兵器として使う、という可能性はあると思います。たとえば100年くらい前に流行したスペイン風邪は、インフルエンザウイルスの強力なものだったのですが、あのような病原体をゲノム編集で作ればとんでもないことになるでしょう。

池上　2019年末から感染が広がった新型コロナウイルスを見ても、未知の感染症は脅威ですね。天然痘《てんねんとう》ウイルスは今、アメリカとロシアの限られた施設でしか保管されていなくて、誰も天然痘ウイルスに対する免疫をもっていないから、そのようなものが復活するのは怖いですよね。

田口　感染症はずっと人類の敵でありましたから、絶滅したはずのウイルスの復活も怖いですが、新たに病原性が高いウイルスや微生物が誕生するかもしれないというのも脅威です。

池上　化学の知識を悪用してサリンを製造したのがオウム真理教ですが、同じことがゲノム編集でも起きる可能性はありそうですね。

田口　今だったらサリン製造工場ほど大規模な設備がなくても、ゲノム編集は比較的簡単にできてしまいますから。

池上　そういう懸念に対して、研究者はどう考えているのですか。

田口　CRISPR-Cas9の開発者の一人である、カリフォルニア大学バークレー校教授のジェニファー・ダウドナ先生は自著『CRISPR　究極の遺伝子編集技術の発見』（文藝春秋）の中で、**ゲノム編集を原子力のようだとたとえています**。原子力発電所という平和利用と、核兵器という軍事利用と両方の使い道があり、どちらを使うか決めるのは人類であると。

池上　デュアルユース問題と似ていますね。生活が便利になる研究だけれども、軍事にも使えますと。東工大も、防衛省の軍事研究費を受け入れてもいいか検討する委員会ができていますけれども、ゲノム編集でも同じ問題が起きているわけですか。

田口　こういう問題をどう決めていくかというのは、本当に難しい問題です。ここまで話したことも、生命のしくみを知らない人には別世界の出来事と思われているかもしれません。でも、ゲノムを変えることで世界がこう変わるかもしれないとわかれば、興味をもつ人は出てくると思います。ダウドナ先生は本の中で、研究者は外に出てもっと対話して議論しよう、そうしないと取り返しのつかないことになる、と書いています。私たちも研究者として、もっと発言していかないといけない、と感じています。

05-08 誰でもゲノム編集はできますか

池上　先ほど、ゲノム編集は比較的簡単にできてしまうとおっしゃっていましたが、研究者でなくてもできるものですか。

田口　必要な機器や試薬はそれほど高価なものではないし、通販で買おうと思えば買えるようになっています。自分で家具などを作ることをＤＩＹ（Do It Yourself）と言いますよね。それと同じ発想で、大学などの研究室ではなく**個人が自宅で生命科学の実験をやる「ＤＩＹバイオ」**というものがあります。

池上　自分で自分をゲノム編集できるのですか。

田口　そうです。たとえば、筋肉を増強するのに必要なゲノム編集の材料を自分で集め、自分の腕に注射して筋肉もりもりになるかどうかを実証する、その様子をＹｏｕＴｕｂｅにアップして広告収入で稼ぐ、なんてことがアメリカで起こっています。そういう人たちのことは「バイオハッカー」などと呼ばれ始めているようです。

池上　それは大変だ。

田口　研究者はある程度自分たちや学会などでブレーキをかけることができるかもしれませんが、物好きな個人がゲーム感覚のようにゲノム編集をしてしまうという、一人歩きしているところがあります。

池上　それをスポーツ選手がやったらどうなりますか。薬物を使うドーピングについては厳しい検査が行われていますが、ゲノム編集で遺伝子を変えて運動能力を上げる「遺伝子ドーピング」は検査できるものですか。

田口　そこがゲノム編集の問題の一つで、**ゲノム編集をやったら痕跡が残らない**のです。遺伝子ドーピングをやったかどうか、今の技術では検査できないでしょう。

池上　そういう問題も出てくるのですね。

田口　これは遺伝子ドーピングだけでなく、農畜産物のゲノム編集による品種改良にも当てはまる問題です。自然に起きた変化なのか、ゲノム編集で人為的に引き起こした変化なのか、区別できないことも、ゲノム編集食品をどう扱うかの議論につながっています。

05-09 ゲノム編集で新しい人類は誕生しますか

池上　先ほどの遺伝子ドーピングは、子どもに引き継がれない、体細胞へのゲノム編集ですよね。これをもし、受精卵にやったらどうなりますか。

田口　それこそ、中国のゲノム編集ベビーです。中国ではＨＩＶに感染しにくいよう遺伝子を変えましたが、筋肉を増強したい、背を高くしたい、目の色を変えたい……遺伝子を変えて親の望み通りのゲノムをもって生まれた赤ちゃんは「デザイナーベビー」と呼ばれます。

池上　そうですね。

田口　デザイナーベビーで変化した遺伝子はさらに子どもに受け継がれていって、その子が子どもを作るときもまた新しく別の遺伝子を変えた次のデザイナーベビーが誕生する……それが繰り返されると、いずれは今の人類とは全く違う、新しい人類が誕生することになります。今の人類を超えた種を、人類自らが創造できるようになってしまっています。

池上　歴史学者ユヴァル・ノア・ハラリ氏が『ホモ・デウス　テクノロジーとサピエンスの未来』（河出書房新社）で書いたホモ・デウスそのものだ。

田口　その通りです。その本の中にも出てくるジョージ・チャーチ先生などは、今までにない優れた人類を創る方法がついに手に入った、というようなことを言っていますよね。

池上　神の領域ですね。

田口　特にアメリカでは、神が地球上のあらゆる生命を創ったという創造論が広く受け入れられているので、神にしか創れなかった生命を人類が創ることができるという意味では、ゲノム編集はまさに神のようなツールとして見られているのかもしれません。

05-10 ゲノム編集の問題点は何ですか

池上　ゲノム編集は病気を治すだけでなく、農畜産物の品種改良、マラリアの撲滅といった希望をもたらすだけでなく、新たな病原体の製造、遺伝子ドーピング、デザイナーベビーやホモ・デウスの誕生など、多くの問題をもたらしていることがよくわかりました。ゲノム編集について、倫理的な問題以外に、技術的な問題についてはいかがでしょうか。

田口　よく言われているのが、狙ったところ以外のDNAも切ってしまってDNA配列を変化させてしまう「オフターゲット効果」です。ヒトに使用するときには、狙ったところだけ変わればいいけれども、他のところも変わってしまうと思わぬ悪影響が出るかもしれません。特に受精卵の場合には、子どもや孫以降にもその変化が受け継がれてしまいます。ゲノム編集の精度を高めようとする研究や技術開発が進んでいますが、技術としては決して完璧なものではありません。

池上　思わぬ悪影響といえば、中国のゲノム編集ベビーの場合では、HIVに感染しにくくなるけれども別の感染症に弱くなるのではないか、という指摘があるようですね。

田口　中国のゲノム編集ベビーではCCR5という遺伝子が正しく機能しないようにDNA配列を変えたのですが、その場合には西ナイルウイルスの感染リスクが高まったり、インフルエンザウイルス感染による死亡率が上がったりするなど、別のリスクが高まるという報告があります。そもそも、CCR5遺伝子が機能しないとHIVに感染しにくくなるというデータはヨーロッパでの研究によるもので、中国を含むアジア人で同じことが言えるのかについてはわかっていません。

池上　そういう問題もあるのですね。

田口　CCR5遺伝子に限らず、私たちが知っている遺伝子の機能は一部に過ぎなくて、全部わかっているわけではないのです。遺伝子と体質などは1対

1の対応ではなくて、一つの遺伝子がいろんなことに関わっています。

池上　それはそうですね。

田口　CRISPR-Cas9を含めたゲノム編集の怖いところは、いいと思ってやったことが本当にいいことだったのか、今の誰にもわからないところにあるのだと思います（＊）。

池上　**善意のつもりでやったことが、結果としてよくないことを引き起こす可能性があると。**

田口　一つの遺伝子が原因で起きる病気を治すのであればいいかもしれませんが、そこから広がったときに、どこまで許されるのか。病気の治療なのか強化なのか。なし崩し的にどんどん広がっていったら、どんどん遺伝子が改変されていくわけです。改変したところが危険だと将来わかったら、そこを元に戻すようにゲノム編集すればいいという意見があるのかもしれませんが。

池上　そういう考え方でいいのか、ということでもあるわけですね。

（＊）日本では２０１６年４月に「日本ゲノム編集学会」が設立され、ゲノム編集の技術や倫理を議論する場となっている。

05-11 どうやってゲノムを調べるのですか

池上　ゲノム編集が正しく行われたか、狙った場所以外でＤＮＡ配列が変わるオフターゲット効果がないかどうかは、ゲノム全体を改めて調べる必要がありますよね。ＤＮＡ配列を読み取る技術はどれくらい進んでいるのですか。

田口　その技術もここ10年くらいで大きく進歩しています。配列は英語でシーケンスというので、**ＤＮＡ配列を読み取る装置**は「**シーケンサー**」と呼ばれています。２００７年ごろに、今までとは違う原理でＤＮＡ配列を読み取る「次世代シーケンサー」が登場してから、ゲノムを調べるスピードは飛躍的に向上しました。

池上　そうなると、自分の遺伝子を調べることも簡単になっているわけですよね。

田口　たとえば、がんは遺伝子に異常がある病気ですが（第３章の２１４ページ

「03 - 04　がん細胞ができるのはなぜですか」)、2019年6月から「がんゲノム医療」が保険適用されました。これは、がん細胞でどの遺伝子が変異しているのか、100種類以上のがん関連遺伝子を同時に調べる検査です。この遺伝子が変異したがんにはこの薬(抗がん剤の中でも「分子標的薬」と呼ばれているもの)が効くというように、**一人ひとりのがん細胞の遺伝子変異に合わせて薬を変える「オーダーメイド医療」が実現しつつあります。**

池上　がんだけでなく、病気の人とそうでない人のゲノムを比較して、どの遺伝子が原因なのかわかって治療もできそうですね。

田口　病気と対応する遺伝子はわかると思いますが、そこから治療にすぐつながるかどうかはまた別の問題ですね。

池上　確かにそうですね。新型出生前検査でも次世代シーケンサーが使われていると聞きました。

田口　妊婦の血液から胎児の染色体異常が推定できる、という検査ですね。正式名称は「無侵襲的《むしんしゅうてき》出生前遺伝学的検査(NIPT)」ですが、そこでも次世代シーケンサーが使われています。

池上　「無侵襲的」というのは簡単に言えば体にメスを入れないで、ということですね。わかるのはいいけれども、それはそれで新しい悩みが生まれますね。

田口　選択肢が増えても決められない、というのはわかります。ゲノムは「究極のプライバシー」といわれることもあって、どういう病気になりやすいかということもわかるようになっていますが、それを知ることが本当にいいのかという意見があるのも確かです。病気のなりやすさがわかると、生命保険や入院保険に加入しにくくなるという問題が出てくるかもしれません。

05-12

ゲノムを知って変えられると、どんな未来になりますか

池上　遺伝子のことがわかり、そして簡単に調べられるようになると、夫婦でどんな子どもが生まれるのかわかってくるのでしょうか。

田口　今はまだ予想というか占いのレベルがほとんどですが、ある程度はできるようになってくると思われます。

池上　そうすると、今のお見合いや結婚のマッチングサービスは見た目や性格で判断しているけれども、未来では相性を調べたり生まれてくる子どもを予想したりするためにお互いのゲノム情報を交換しましょう、なんて話になってくるんでしょうか。

田口　すでにＤＮＡでマッチングサービスを行うと称している業者が出てきているようです。まだ発展途上とはいえ、かなり恐ろしい世の中になってきま

した。

池上　昔、HIVが世界中に広まって日本にも入ってきてパニックになったときに、結婚するときにHIVに感染していないという証明書や、性病にかかっていないという医師の診断書をお互いに出し合って交換しよう、という動きがありました。それとは違うのでしょうが、なんだかイヤな感じですね。

田口　ゲノムを強制的に調べさせることで新しい差別を生み出すことにもなりかねません。

池上　本当だ、差別ですね。

田口　今の次世代シーケンサーは大掛かりな装置で、研究施設など限られたところにしかないので、誰でもできるわけではありません。ところがすでに、手のひらサイズの新しいタイプのシーケンサーが登場しています。USBメモリくらいの小ささでDNA配列を読み取ることができる装置です。10～20年くらいしたら一家に一台シーケンサーということになって、誰でもゲノムを調べられるようになる未来は十分あり得ますよ。

池上　そうなったら、デートしたときに髪の毛１本をこっそり取っておいて、そこからゲノムを調べる。

田口　興信所どころではないですね。病気のリスクだけでなく、どの大陸経由で日本に来たのかというようなこともわかってしまいます。

池上　どんな価値観の未来なんでしょうね。

田口　『ガタカ』（アンドリュー・ニコル監督、１９９７年公開）というＳＦ映画があります。デザイナーベビーが当たり前になり、自然妊娠で生まれた人たちは差別されてまともな職につけない近未来が舞台です。デザイナーベビーでない主人公は「普通の」人たち（この近未来ではデザイナーベビーが普通になっている）の世界に潜り込むのですが、髪の毛などを落としたらすぐにばれるため、毎朝必ず全身の体毛を剃《そ》ってから出勤するのです。血液検査のときには、デザイナーベビーの協力者からもらった血液を代わりに提出して、ときにはわざと協力者の体毛を落とすなど、徹底して自分のゲノムの存在を知られないようにします。

池上　差別どころか、絶対に成り上がりができない格差社会ですね。

田口　ある日殺人事件が起きて、その現場に主人公のまつ毛が発見されてしまい、これは誰だ、というところから主人公に危機が迫ります。ゲノム編集をされて生まれないとまともに生活できない世界になった、という設定の映画です（＊）。

池上　全くあり得ない未来ではないというところに本当の怖さを感じます。ゲノム編集でどういう未来にしたいのか、今からみんなで考えないといけませんね。

（＊）他にデザイナーベビーが登場する作品にアニメ『機動戦士ガンダムSEED』がある。運動能力や学習能力が高いデザイナーベビー（作中では「コーディネイター」と呼ばれる）と、遺伝子操作されずに生まれた人（作中では「ナチュラル」と呼ばれる）の間で分断が進み、テロ事件をきっかけに戦争に突入したという設定で物語が始まる。

特別対談

「どうして今、生命科学を学ぶのですか」

ここでは池上さんが、東京工業大学の大隅良典栄誉教授から、生命科学の楽しさ、生命科学を学ぶコツを聞き出します。

この本の中でも、タンパク質のリサイクル、細胞のリニューアルについてご解説いただき、オートファジーの研究でノーベル生理学・医学賞を受賞した大隅教授は、どのようにして生命科学を学んできたのでしょうか。

大隅良典（おおすみ・よしのり）
1945年福岡県生まれ。東京工業大学栄誉教授。所属は科学技術創成研究院。東京大学理学系研究科博士課程修了。ロックフェラー大学、東京大学、基礎生物学研究所などを経て現職。細胞が内部のタンパク質を分解して再利用するオートファジー（自食作用）のしくみと意義を分子レベルで解明。日本学士院賞、朝日賞、ガードナー国際賞、文化功労者、京都賞、国際生物学賞、ノーベル生理学・医学賞など、数々の賞を受賞している。

東工大で生命科学が必修科目になったのはどうしてですか

池上　東工大では2016年度から、生命科学の授業が必修科目になりました。このことについて、大隅先生はどうお考えですか。

大隅　私は以前より、生命科学を専攻する学生以外も生命科学を学ぶべきだとずっと言ってきました。その理由は二つあります。まず一つが「人間は地球上の生物のひとつである」という認識をもってほしいからです。その認識が、現在の私たちには欠けているように思えるのです。「人間は地球上の生物のひとつである」という認識から出発して、さまざまな現象を考え、学ぶことが大事だと思います。

池上　現在は物質文明が進み、科学技術がどんどん進んでいる時代だからこそ、「人間は地球上の生物のひとつである」という自覚が改めて求められているということですね。

大隅　はい、それが生命科学を学ぶ理由の一つです。もう一つの理由は「自然をとらえ直す」ことです。私が子どもだったころの時代は、田舎で自然と一体になって生きてきたことが実感としてあります。日常的に畑の作物がすぐそばにあり、野原で食べ物を採ることもありました。そういう実体験が、現代ではだんだん減っています。そこでもう一度、「自然をとらえ直す」ことが、生命科学に限らず学問を学ぶ上で大事だと思います。

池上　とりわけ東工大生は、あまり自然に接することがなく、特に物理や化学を勉強してきた学生が多いのではないでしょうか。

大隅　そうですね。「東京工業大学」という、「工業」が名前に付いているだけで、意識的な選択があるのでしょう。たとえば学生に「生物とは何ですか。植物は生物ですか」と質問するとします。すると驚くべきことに、生物とは動物である、と考えている学生が意外と多くいるのです。つまり、植物は生物であるという認識がとても低いのです。

池上　生物は動くものである、という考えがどこかにあるのでしょうね。

大隅　小学校の理科でも、生物の一つとして植物を学ぶのですが、生物だという認識がどこかで欠けているのでしょうね。でも、生物学は植物からいろいろなことを学んできた歴史があります。そういうこともあって、生物を身近に感じることが現代人には求められているのです。

池上　動物だけで、この世界は成り立ちませんからね。植物や微生物を含めた生態系があってこそ、動物は自分の生命を維持できるわけです。さまざまな生物を全体として見る必要がある、ということなのでしょう。

高校までの生物の教科書はどうしてわかりにくいのですか

池上　東工大の学生は、高校で生物を選択しなかった人がほとんどです。そこで生命科学の授業では、高校生物レベルの内容からスタートしていると聞きました。高校までの教科書は大きく変わってきましたね。

大隅　新学習指導要領に合わせて、以前に比べて変わってきています。ただ、教科書を作る側からすると、中央教育審議会による制約がまだ多いようです。

池上　学習指導要領で、それぞれの学年でこれを教えなくてはいけない、これを教えてはいけない、と決められていますね。それはなぜでしょうか。

大隅　受験問題と関係するからでしょう。新学習指導要領になって少しは緩和されましたが、専門の生物学者が教科書を作ればもっと体系的に教えられるはずだという思いが、現場の先生にもあると思います。

池上　生物の教科書は、生物学の先生が書いているのではないのですか。

大隅　教科書をチェックする文部科学省の教科書調査官が生物学者ではないのです。教育大学系の教科書調査官と、実際に現場で生物を教える先生との間で、ギャップがあるかもしれません。

池上　私も中学校の公民の教科書の執筆者の一人なのでよくわかります。出版社がいろいろな先生にお願いして書いてもらい、文部科学省の教科書検定を受けます。

大隅　そうして教科書として認められたものが「検定済み教科書」ですね。

池上　その手続きの窓口が教科書調査官であり、審査するのは教科書審議会、というのが建前ですが、実際には窓口であるはずの教科書調査官がかなりコントロールしているのです。

大隅　そこで「この単語が入っていない、この単語は載せてはいけない」と指摘されるようです。「載せてはいけない単語」とは、たとえば生物の進化です。生物の進化は中学校の内容だから、小学校の教科書では載せてはいけないのです。小学校はここまで、中学校はここまで、ということになってしまい、学問を学ぶ上で全体の見通しが立てにくくなっているのが実態です。

池上　私立の中高一貫校では、独自にカリキュラムを組んで授業をしている先生もいます。もちろん検定済み教科書を使わなくてはいけないのですが。でも独自カリキュラムはかなり系統立ったものであり、難しいことも教えられるようになります。

大隅　ちゃんと見通しを立てて教えれば、生物学はそんなに高度なものではないはずです。それをブツ切りにして教えているので、大学に入ってからもう一回学び直し、ということになっています。

池上　大学には学習指導要領や検定済み教科書はありませんから、全体像を描いた、体系的な生物学を教えられるということですね。しかし、今は公立でも中高一貫校が増えてきています。また、2016年度からは、義務教育学校（小学校から中学校までの9年間の義務教育を一貫して行う学校）が認められ、小中一貫校が少しずつできてきました。そういうところでは、これから生物学の教え方が改善される可能性はありそうですね。

「生物は暗記科目」というイメージがあるのはなぜですか

池上　私は高校で文系を選択したのですが、当時、国立大学を受験するときには物理・化学・生物・地学から1科目を選ぶ必要がありました。ただ、数学は苦手で、その影響もあってか物理と化学も苦手でした。地学を選択してもいいという大学は少なかったので、結局は生物を選択しました。入試が中止になったので、国立大学は受験しなかったのですが。国立大学を受験する文系の高校生は、理科なら生物を選択するというのがよくあるパターンでした。

大隅　今でもその傾向はあまり変わっていませんね（＊）。

池上　昔も今も、生物は暗記科目というイメージがどうしてもあります。そのイメージはどうしてできてしまったのでしょうか。

大隅　昔は確かに暗記科目だったのです。体系立てて教えることがあまりなく、どうしても暗記するものが多かったのです。試験問題も物理や化学に比べて計算問題が少なく、単語や文章で答えさせる問題が多かったことも、拍車をかけたのだと思います。

池上　出題形式が文系的であると。

大隅　理系では、成績のいい高校生は生物が好きでも、科目としての生物はなかなか選びません。なぜなら生物は文章問題が多く、満点が取りにくいという特徴があるからです。物理や化学は計算問題が多くて、比較的満点を取りやすいのです。そこが受験における生物の難しさだと思っています。

池上　同じ理科の科目なのに、物理と化学は満点が取りやすく、生物は満点が取りにくいとは不思議ですね。

大隅　私は東京大学に教員として在籍したこともあるのですが、東京大学の受験生の中でも生物で満点をとる受験生はほとんどいませんでした。

池上　解答が記述式になってしまいますからね。

大隅　記述式だと減点方式で採点するので、どこかで減点されてしまうのです。

池上　だから、生物は文系科目のようであり、理系受験者から敬遠されるわけですね。それでも生物を研究している大隅先生としては、やはり生物を学んでほしいとお考えですか。

大隅　個人的には生物だけでなく、物理と化学もきちんと勉強してほしいと考えています。

池上　物理と化学を学んだ上で生物も勉強する、という考え方ですね。

大隅　理想論ですが、生物は必修科目としてすべての学生が学ぶと同時に、研究者になりたいという人には物理と化学の基本的な知識も併せ持ってほしいのです。なぜなら物理と化学は、自然科学の考え方の基本であり、それらがすべて合わさって初めて研究ができるからです。もちろん、小学生のときから昆虫が好きというような子どもたちはいるのですが、それだけでは今の生命科学は成り立ちません。一般論としては、やはり高校の物理と化学はちゃんと勉強してほしいというのが、私の思いです。

（＊）平成28年度センター試験では、文系の受験生が選択する「物理基礎」「化学基礎」「生物基礎」「地学基礎」のうち、「生物基礎」の選択者が最も多く約13万人、続いて「化学基礎」が約11万人、「地学基礎」が約5万人、「物理基礎」が約2万人だった。ところが理系の受験生が選択する「物理」「化学」「生物」「地学」では、「化学」が最も多く約21万人、「物理」が約16万人、「生物」は約8万人、「地学」は約2000人だった（理系は2科目選択が多い）。

生命科学はこれからの社会に必要ですか

池上　そういった背景もあって、東工大は生命科学を必修科目にしたのですね。

大隅　生命科学は、これからの東工大生全員のリテラシー（基礎知識、基礎能力）として必要です。建築学や機械学を専攻する場合であってもです。将来何をするかにかかわらず、大学の早い段階で生命についての基本的な概念を知っておくことは、これからの社会にとって必要です。

池上　最近のニュースを見ても、iPS細胞や遺伝子組換えなど、生命科学の話題があふれています。生命科学は現代に生きる私たちにとって、教養というよりも常識として必要になっていますね。

大隅　それはすごく大きいと思います。そういうことに対して、現代人には知識ときちんとした批判能力が問われていると思います。最近は再生医療が注目されていますが、一部の人たちだけで決めるのではなく、社会的なコンセンサス（同意）が必要なはずです。今、何がどこまで実現しているか、本当にこのままでいいのかなど、社会全体で考えるべきです。今は報道などで簡単に誘導されてしまい、批判的に考えることはそうやさしくはないのですが、このままでは人類は真の意味で豊かにならないのではないかと危惧しています。

池上　生命科学は、現代で生きるために必須の常識である、ということですね。

大隅　確かに生命科学は、あるところでは解明できていないところが多いのですが、再生医療への過度な期待に惑わされているのではないかと気になっています。再生医療を将来受ける人はそれほど多くはないと思うのですが、人類の未来がすべて決まってしまうような報道がされているのは気に掛かります。

池上　そういったことに批判的な目を向けることが、これからの社会で必要ということなのでしょうか。

大隅　そうですね。それに加えて、先ほども申し上げたように「人間は地球上の生物のひとつである」という認識をもち、その上で「自然を考え直す」こともあると求められています。見えている世界を、生命現象としてとらえる能力がとても貧弱になっていると思えるのです。

池上　それはなぜでしょうか。

大隅　自然に接する機会が減っているからでしょう。学生を野外に連れて行っても、木や昆虫の名前を知らない学生が多いことに驚きます。でも、よく観察すると面白いことが自然にはいっぱいあるのです。たとえば、葉が光をいっぱい浴びるためにどんな工夫をしているのかなど、まだわかっていない生命現象が多くあるのです。そういう目を養っていくためにも、生命科学はとても大事な学問だと考えています。

池上　たとえば介護ロボットのように、人間と同じような動きをロボットにさせる研究を考えても、結局は人間の腕や足の動き、筋肉のはたらきを理解しないと、ロボットは作ることができないと言いますからね。

大隅　やはり、自分自身も含めて生命なるものに興味をもってほしいのです。

池上　自然を見ないというのは、地球上の生物として極めていびつですよね。

大隅　そうですよね。ある自然現象があって、それに興味をもって解明するというよりは、流行っていることの中から問題を見つけてくることが多くなっています。個人的には、生命そのものに興味を向けられるような教科書があったらいいと思います。

生命科学の教科書はどんなふうにしたいですか

池上　本書は大学生に限らず、多くの人に読んでいただきたいと考えています。生命科学の教科書は、どうすれば面白くなると考えますか。

大隅　極端に言えば、万人に共通した「いい教科書」はないと思います。ただ、大きく分けて2通りの作り方があります。一つは、面白い現象や話題になっているテーマから入っていくアピール形式の方法。もう一つは、基礎から発展へと体系的に教えていく積み上げ形式の方法です。私が東京大学に教員として在籍していたときは後者の方法でやっていました。

池上　その結果どうでしたか。

大隅　そうすると、大学に入って生物の授業を聞いたら化学だった、ということが起きるのです。実際、アミノ酸や核酸などという、化学的な性質から学びますから。

池上　順序立てて学ぶとそうなってしまいますよね。

大隅　これは生物に限ったことではありません。化学の授業だと思っていたら物理だった、ということもあります。化学の授業はシュレーディンガー方程式など、量子化学の分野から始まることもあります。そうすると、とたんに化学嫌いになってしまいますね。他にも、物理だと思っていたら数学だった、も有名な話です。

池上　私も思い当たるところがあります。経済学だと思っていたら数学だった、ということがありましたから。

大隅　それでも東工大では、しっかり基礎から生命科学をやろうということで、積み上げ形式の課題を採用しています。基礎を身に付けた上で、2年生以降は興味のある分野の課題を取る、という方式です。

池上　東工大だからこそ、生物に興味をもつことが大事だと思われるのですね。

大隅　特に東工大では、生命科学から離れたところにいる学生が多くいます。でも、機械学でも生物から学ぶことは多くあるだろうし、システムの構築においても生物を学ぶことでヒントが得られるかもしれません。

池上　でも、どうやって教えるかは悩ましいですよね。

大隅　そうですね。興味をもたせるためには面白い現象を紹介するアピール形式がいいのですが、本質的に理解するには積み上げ形式がいいですから、どうやって折り合いをつけていくかはとても難しいところです。

池上　それはどの学問でも同じですよね。学問を究めるために、面白い話題で惹きつけるか、基礎を積み上げていくのか。これは経済学や歴史の授業にも当てはまることですね。

生命科学はどこから勉強すればよいですか

池上　ところで、大隅先生はずっと生物を勉強してきたのですか。

大隅　実は、私は高校で生物を勉強していません。私の時代は、物理・化学・生物・地学の中から3科目を選択する方式でした。ただ、生物の授業がそれほど面白いとは思わなかったので、生物は一切勉強しませんでした。

池上　では、生物の勉強を始めたのは大学に入ってからですか。

大隅　大学に入ったときは、化学をやろうと考えていました。ところが大学の化学の授業が、これまたちっとも面白くなかったのです。それでどうしようと考えていたのですが、ちょうどそのころに分子生物学（分子の視点から生命をとらえて研究する学問のこと。遺伝現象や遺伝子を分子レベルで説明しようとして始まった）が確立された時代でした。この分子生物学をやりたいと思って、今に至っています。

池上　そのころ、分子生物学で注目されていた話題は何でしたか。

大隅　セントラルドグマといって、DNAの情報がRNAに写されてタンパク質になる過程が注目されていました。その中でも、RNAとアミノ酸がどう対応しているのかという問題が実験的に解決されたころで、とてもわくわくしながら勉強していました。今は多くのことを勉強しないといけない分子生物学ですが、当時は基本原理の解明に集中していて、非常にすっきりとした学問でした。そういう意味では、いい時代だったのかもしれません。

池上　文系の人間からすると、生命科学って難しいと思ってしまいます。これから生命科学を勉強してみようと考えている人に対して、どこから入ればいいとアドバイスされますか。

大隅　生命科学全般に興味をもつことはできませんので、何かきっかけを見つけて、そこから自分なりに深めていけばいいのではないでしょうか。実際、今は生命科学と一口に言っても、分子生物学、生化学、遺伝学、構造生物学、バイオインフォマティクス、システムバイオロジーなど、いろいろなアプローチがあります。どのレベルの現象に興味があるのかは人によって違うので、学生には「まずは自分がどんなことに興味があるのか見極めてください」と言っています。

池上　どうやって見極めたらいいと考えますか。

大隅　たとえば、どの本を読んだときに感動したのか、ですね。それが最も興味のあることなので、そのことについてさらに勉強すれば、面白いと感じるのではないでしょうか。

池上　大隅先生の場合は、それがセントラルドグマだったのですね。

大隅　科学というものは人間の所産なので、どの時代に生きているのかということが、興味をもつきっかけに大きく作用します。科学は急にできあがるものではなく、今までの体系の中から考えて生み出されるものです。私が大学生や大学院生のころは、たまたま分子生物学が重要な問題を盛んに解いていた時期だったので、それに憧れて分子生物学を始めたという経緯があります。自分がどういう時代に生きていて、何がわかっていて何が解かれようとしているのか、歴史的な視点で勉強してみてはどうでしょうか。

おわりに――世の中に無駄なものはない

私たちの存在は、偶然に偶然を重ねた結果なのだということがよくわかる本になりました。進化はよく、「環境に適応して生き延びてきた」という言い方をされます。しかし、目的があって、それに向かって生物は進化してきたかのような言い方です。しかし、実際はそうではありません。生物は突然変異を繰り返し、たまたま環境の変化に適応できる種が生き残ってきたのです。それはもう偶然としか言いようがありません。「下手な鉄砲も数撃ちゃ当たる」を繰り返してきたのです。

しかし、数多く撃っていると、本当によく当たるのですね。細胞など生命活動のしくみを学ぶと、実によくできていることがわかります。

その一方で、DNAには、人間の遺伝に際して、何の働きもしていないように見える部分が多数あります。これは、現時点では「無駄」に見えますが、本当に無駄なのでしょうか。かつてドイツの哲学者フリードリッヒ・ヘーゲルは、「存在するものは合理的である」と述べました。存在する以上、そこには何らかの根拠がある、という意味です。となれば、現時点では一見「無駄」に見えるものも、実は大事な役割を果たしていた、ということになるかもしれません。

生命現象を学んでくると、進化には多様性が重要であることがわかります。その多様性は余裕から生まれます。余裕は、無駄が存在するから。無駄があるからこそ、生物は進化してきたのでしょうか。

こうなると、人間社会とのアナロジーが感じられます。企業が傾くと、会社の中で無駄な存在に見られていた社員が、突然力を発揮して経営を立て直すということがあります。「無駄な社員」は、無駄ではなかった、ということです。

企業をより強くしようとリストラを徹底させて効率的な経営を進めると、会社が息苦しくなって、かえって経営が悪化するという話もよく聞きます。企業経営は、もっと生物現象から学んだほうがいいのではないでしょうか。

私が2016年3月まで教授として在籍していた東京工業大学は、「工業大学」という名称であることも関係しているのでしょうか、高校時代に物理や化学は勉強しても、生物を履修しないまま入ってくる学生が多数います。それではいけないと考えた大学が、生物（生命科学）を必修にしました。ついては、その入門編の教科書を作りたい――。生命科学の先生たちからそんな提案をいただき、この本が生まれました。東京工業大学で、私は学生たちに現代史を教えてきました。本文中で告白していますが、私はバリバリの文科系。その文科系代表として私が学生となり、専門家から講義を受け、素朴な質問を投げかけることで構成することにしました。

生物を履修していない学生向けの入門編ではありますが、一般の人たちにも十分楽しんでいただける内容になったと思います。

私の素朴な質問にお答えくださった岩﨑博史、田口英樹の両先生、さらに大隅良典栄誉教授にも、多忙の中でお付き合いいただきました。「いい質問」ができたでしょうか。

私が受ける講義を傍聴し、ときには解説を挟みながら、内容をまとめてくださったサイエンスライターの島田祥輔さん、私以上に文科系の編集者・二階堂さやかさんにも感謝です。

２０１６年８月　ジャーナリスト・東京工業大学特命教授

池上　彰

文庫版あとがき

２０２０年初めから多くの人を心配させた新型コロナウイルスによる感染症。この本でもウイルスとはそもそも生き物かどうかという基本について触れています。新型コロナウイルスには抗生物質が効きません。それは、ウイルスには細胞膜がなく、生き物としての条件を満たしていないからです。抗生物質は、生き物である細菌に対してのみ効力をもつのです。

これだけ世間を騒がせているウイルスなのに、生き物ではないとは、どういうことか。「生き物とは何か」という定義を学ぶことで、ウイルスの不思議な性質も理解できます。

この本は、目次を見ればおわかりのように、最先端の生命科学の基礎・基本を学べるように工夫されています。「工夫」と言いましたが、何のことはない、バリバリ文科系の私が、専門家に素朴な疑問をぶつけていくという手法で出来上がっただけなのですが、結果的に、文系の読者が持つであろう疑問の一つひとつを解き明かすものになっています。

その結果、文科系の人たちが漠然と信じてきたことがあっさりと否定されてしまうこともありました。これにはガッカリする人もいるでしょうが、いかに非科学的な言説が広がっているかと自戒したくなりました。

それにしても、岩崎、田口の両先生は、私のような素人を相手にして、さぞかし苦労されたことと思います。

お二人から話を聞いているうちに、「ぜひ大隅良典先生にもインタビューしてください」という提案をいただき、大隅先生に会うことができました。このとき岩崎、田口両先生から「大隅先生はノーベル賞の呼び声が高いのですよ」と教えられました。その通りになったのですね。

期せずしてこの本では、大隅先生の研究内容もわかりやすく紹介することができました。

生命現象を細胞から見ていくと、生物というのが、いかに精緻にできているかがわかります。ここで私が想起するのは、「インテリジェント・デザイン」という思想です。

アメリカには、聖書を一字一句真実だと信じている福音派と呼ばれる人たちがいます。全人口の4分の1を占めると言われるほどで、大統領選挙でも大きな影響力をもちます。彼らは、聖書に神がアダムとイブを創ったと書いてありますから、ダーウィンの進化論を信じていません。学校で進化論を教えることに反対している人たちが多いのです。

その結果、かつては南部のいくつかの州で「進化論禁止法」という法律が制定されていたほどです。現在ではさすがにこの法律はなくなりましたが、代わって誕生したのが「インテリジェント・デザイン」という〝理論〟です。

そもそも理論と呼べるのかという議論がありますが、それによると、人間の生命は、自然的な要因だけでは説明できない、「偉大なる知性」による「デザイン」によって進化してきたという主張です。

進化論は、生き物が突然変異を繰り返し、環境の変化に適応できたものだけが生き残ってきたという考え方です。これに対して「インテリジェント・デザイン」は、原始的な生き物が人間に進化したという進化論を一部認めつつ、その過程をデザインしたのは「偉大なる知性」であるというのです。「偉大なる知性」とは、要するに神のことなのですが、神という言葉を持ち出さずに進化論を否定しています。

この主張を聞くと、一笑に付したくなりますが、生命現象の精緻さを知れば知るほど、そこに何らかのデザインが存在するのではないかという気にもなってしまいます。

とはいえ実際には「偉大なる知性」が存在していたわけではありません。そうではなく、自然こそが「偉大なる知性」を具備していたのではないかと思います。

それにしても、突然変異を繰り返すことで生命の営みを受け継いできた人間たち。多様性を生み出してきたからこそ生き延びることができました。多様性を欠くとき、そこに未来はありません。それは、日本という国にも言えることなのではないでしょうか。

過去の日本社会でも世界でも、突飛な発想や行動に出た人たちによって社会が成長してきました。〝突然変異〟で生まれた人によって、新しい社会が生み出される。突然変異によって社会の多様性が維持されます。これは、生命現象と同じように見えます。

生命科学を学ぶことで、私たちが住む現実社会や企業などの組織のあり方を再認識できるように思えるのです。

三人の専門家から話を聞くことで、基礎研究の大切さを痛感しました。その時点では、何の役に立つかわからない研究成果が、やがて思いもかけない形で人類の役に立っています。

そこで気になるのが、すぐに役に立たないものには研究費が出ないという最近の傾向です。基礎的な研究費が削減され、研究者たちは、なんとか研究費を確保しようと必死です。そのための申請書類の作成に忙殺されるという本末転倒の事態も起きています。

ＤＮＡの中にも何の役に立っているか不明な存在があります。しかし、さらに研究が進めば、驚くような働きをしていることが判明するかもしれません。「役に立つこと」ばかりを追究していると、思わぬ取りこぼしがあるかもしれないのです。

「何の役に立つかわからない」という研究を許容すること。それはつまり一見「無駄」に見えることを認める余裕をもつことです。その余裕と多様性の確保。それは生命科学の進歩ばかりでなく、私たち人間社会にとっても重要なことだと思うのです。

池上　彰

２０２０年2月　大岡山にて
ジャーナリスト・東京工業大学特命教授

池上彰《いけがみあきら》が聞《き》いてわかった生命《せいめい》のしくみ　朝日文庫
東工大《とうこうだい》で生命科学《せいめいかがく》を学《まな》ぶ

2020年4月30日　第1刷発行

著　者　池上彰《いけがみあきら》　岩崎博史《いわさきひろし》　田口英樹《たぐちひでき》

発行者　三宮博信
発行所　朝日新聞出版
〒104-8011　東京都中央区築地5-3-2
電話　03-5541-8832（編集）
03-5540-7793（販売）

印刷製本　大日本印刷株式会社

ISBN978-4-02-262010-1

渡辺　和子
スミレのように踏まれて香る

心を癒やす愛の力とは、女性らしさとは、しあわせとは何か……やさしくも力強い言葉で語りかける、ノートルダム清心学園理事長の第一著作集。

山野　勝
大江戸坂道探訪
東京の坂にひそむ歴史の謎と不思議に迫る

東京の坂の成り立ちといわれ、周辺の名所や旧跡などを紹介した坂道ガイド。有名な坂から知られざる坂まで一〇〇本を紹介。《解説・タモリ》

心屋　仁之助
愛されて幸せになりたいあなたへ

大人気の心理カウンセラーが贈る生き方のヒント。恋愛、仕事、人間関係が読むだけでラクになる一冊。悩める女性たち、必読！

湯浅　誠
ヒーローを待っていても世界は変わらない

「反貧困」を掲げ、格差拡大に立ち向かう著者渾身の民主主義論。地方創生や教育問題の深層にも迫る補章を追加。《解説・あさのあつこ》

湯浅　浩史
植物でしたしむ、日本の年中行事

自然を愛し、時に畏怖し、共存してきたかつての日本人。正月の門松、雛祭りのモモなど、植物の特性と歴史的見地から、行事の原点をとく。

森川　すいめい
漂流老人ホームレス社会

なぜホームレスにならなくてはいけなかったのか。うつ・DV・認知症・派遣切り……二〇年以上ホームレス支援を続ける精神科医が現実を活写。

ぼくのいい本こういう本
松浦　弥太郎

小説、随筆、絵本、写真集など著者が選ぶ〝いい本〟を紹介しながら、日々の暮らしや出来事、少年時代の思い出を綴る。《解説・浅生ハルミン》

松浦弥太郎の仕事術
松浦　弥太郎

文筆家、書店経営と縦横無尽に活躍する著者が説く、仕事と生活の哲学。毎日、真摯に働くための秘訣を紹介。《解説・佐々木俊尚》

考え方のコツ
松浦　弥太郎

仕事で重要なのは「なぜ、なに、なんだろう」と考えること。さまざまな分野で活躍する著者が説く、ゆたかに生きるための思考術。《解説・木内　昇》

世界を「仕事場」にするための40の基本
松浦　弥太郎

英語圏、フランス語圏、中国語圏の言語と文化を学び、グローバルに働く方法を説く。著者のキャリアをベースに、これからの生き方を提示。

即答力
松浦　弥太郎

「即答する姿勢」が仕事と人生を成功に導く。チャレンジと冒険を続ける著者が説く、チャンスを逃さないための考え方と働き方。

カワサキ・キッド
東山　紀之

川崎での少年時代が「ヒガシ」をつくった――。ちょっぴりせつなく、心あたたまる、秘話満載の自伝的エッセー。あとがきに「五年後に思う」を加筆。

平川 克美
俺に似たひと
町工場の職人として生真面目に生きてきた父親。介護のために家へ戻った放蕩息子。男ふたりの日々が胸に響く介護文学。《解説・関川夏央》

深代 惇郎
深代惇郎の天声人語
七〇年代に朝日新聞一面のコラム「天声人語」を担当、読む者を魅了しながら急逝した名記者の天声人語ベスト版が新装で復活。《解説・辰濃和男》

深代 惇郎
続・深代惇郎の天声人語
朝日新聞一面のコラム「天声人語」を一九七〇年代に三年弱執筆し、読む者を魅了した名記者・深代惇郎。彼の天声人語ベスト版続編が新装で復活。

深代 惇郎
最後の深代惇郎の天声人語
国際、政治からくらしの身近な話題まで。七〇年代の名コラムがいま、問いかけるものとは。すべてのコラムが単行本未収録、文庫オリジナル。

瀬谷 ルミ子
職業は武装解除
「武装解除」「平和構築」のプロとして「世界が尊敬する日本人二五人」(Newsweek 日本版)に選ばれた筆者が、自らの軌跡を綴る。《解説・石井光太》

ヤマザキ マリ
ヤマザキマリのリスボン日記
テルマエは一日にして成らず
イタリア人姑との戦い、日本の風呂への渇望……。『テルマエ・ロマエ』を生むに至ったリスボンでの日々を綴る爆笑日記!《解説・本上まなみ》

養老　孟司／池田　清彦／吉岡　忍
世につまらない本はない
読書とは、脳を使った運動だ！　養老流読書術の神髄がここに登場。後半では、博覧強記の三粋人が自らの愛読書と書への接し方を明かしてくれる。

水野　学
アウトプットのスイッチ
「くまモン」生みの親が「売れる」秘訣を公開。ヒットの決め手は最終表現《アウトプット》の質にある。今すぐ役立つクリエイティブ思考と仕事術。

福岡　伸一
遺伝子はダメなあなたを愛してる
日ごろの身近な疑問や人生の悩みを、生物学者の著者が回答。ユーモアあふれる文章で生命科学の知見に触れつつ、結論は予想外のものに着地。

為末　大
負けを生かす技術
「失敗をプロセスに組み込め」——世界陸上で二度のメダルに輝き、現在は多分野で鋭い言説が注目される、〝走る哲学者〟が導く心と体の操縦法。

ジョン・クラカワー著／森　雄二訳
エヴェレストより高い山
登山をめぐる12の話
アウトロー登山家や命知らずの飛行機乗りなど、クライマーたちの奇特な生態をユーモアたっぷりに描いた名作登山エッセイ。《解説・角幡唯介》

山里　亮太
天才はあきらめた
「自分は天才じゃない」。そう悟った日から地獄のような努力がはじまった。どんな負の感情もガソリンにする、芸人の魂の記録。《解説・若林正恭》

小林　信彦
名人
志ん生、そして志ん朝

稀代の落語家、古今亭志ん生と志ん朝。この父子二代の軌跡を独自の視点で活写する極上の人物論。志ん朝と著者の絶妙対談も再録。《解説・森　卓也》

杏
杏の気分ほろほろ

朝ドラから映画までひたむきに役者の仕事に取り組んだ三年半。結婚出産も経験した激動の日々をのびやかに綴るエッセイ集。《解説・森下佳子》

高橋　源一郎
間違いだらけの文章教室

明治の農婦が残した遺書、ジョブズのプレゼンなど、心ゆさぶる文章を通して考える「伝わるのはなぜか」。文庫化に際して「補講」を追加。

日高　敏隆
人はどうして老いるのか
遺伝子のたくらみ

すべての動物に決められた遺伝子プログラムを通して人生を見直し、潔い死生観を導く。動物行動学者ならではの老いと死についてのエッセイ。

日高　敏隆
生きものの世界への疑問

身近な生きものたちの謎と不思議を動物行動学者の目で観察すれば、世界は新たな発見に満ちている。《巻末エッセイ・日高喜久子》

黒柳　徹子／岩合　光昭
パンダ通

日本の二大パンダ通が、可愛くて不思議なパンダの魅力を紹介。百点を越す写真とエッセイ、対談もあり、パンダ愛あふれるフォトエッセイ。

朝日文庫

永井　義男
図説　大江戸性風俗事典

吉原、江戸四宿、岡場所の違いや、花魁、芸者、陰間、夜鷹の実情など、江戸の「フーゾク」を豊富な図版とエピソードで徹底解剖。

小島　和宏
ぼくの週プロ青春記
90年代プロレス全盛期と、その真実

闘っていたのはレスラーだけじゃない！　雑誌『週刊プロレス』に青春のすべてを捧げた元記者による極私的ドキュメント。《解説・長与千種》

小島　和宏
ももクロ導夢録
ももいろクローバーZ　公式記者インサイド・レポート　2017-2018

グループ史上最大の激震が走った二〇一八年一月一五日。そして四人で臨んだ一〇周年記念ライブの舞台裏で記者が目撃したものとは――。

内田　樹
直感はわりと正しい
内田樹の大市民講座

不安や迷いに陥ったら自分の直感を信じてみよう。社会の価値観がブレるとき、本能的な感覚が案外、頼りになる。ウチダ式発想法の原点。

上野　千鶴子
また　身の下相談にお答えします

夫がイヤ、子無し人生へのバッシング、夫婦の老後問題など、読者の切実な悩みの数々に、明快に答える。上野教授ならではの痛快な人生相談。

上野　千鶴子
老いる準備
介護すること　されること

ベストセラー『おひとりさまの老後』の著者による、安心して「老い」を迎え、「老い」を楽しむための知恵と情報が満載の一冊。《解説・森　清》

大庭　みな子
津田梅子
日本初の女子留学生として渡米し、帰国後は日本の女子教育に身を捧げた津田梅子。津田塾大学の創始者の軌跡を辿る。《解説・高橋裕子》

ナンシー関著／武田　砂鉄編
ナンシー関の耳大全77
ザ・ベスト・オブ「小耳にはさもう」1993-2002
テレビの中に漂う違和感に答え続けてくれるナンシー関のコラムから厳選したベスト・オブ・ベスト。賞味期限なしの面白さ！《解説・武田砂鉄》

小飼　弾
本を遊ぶ
働くほど負ける時代の読書術
働くより遊ぶことがこれからを生き抜く鍵になる！　年間五〇〇〇冊を読破する伝説の書評ブロガーが、変化を乗りこなすための読書法を伝授。

橋本　治
負けない力
あえて今、役に立たないと言われている「知性」の意味を考えるのだ。手っ取り早く役に立つ情報だけを求めて負けてしまう人のための勇気の書。

稲垣　えみ子
アフロ記者
どうしたら人とつながる記事が書けるか。弱さもさらけ出し、新聞記者として書いてきたこと、退職したからこそ書けたことを綴る。《解説・池上　彰》

千田　琢哉
人生は「童話」に学べ
文筆家・千田琢哉が、桃太郎、シンデレラなど誰もが知る童話から成功者になるための「本質」を切り取る。挿画：スカイエマ。

池上彰が聞いてわかった生命のしくみ

東工大で生命科学を学ぶ

池上彰　岩崎博史　田口英樹

朝日文庫

本書は二〇一六年九月、小社より刊行
されたものに大幅に加筆したものです。

文庫本出版によせて

『池上彰が聞いてわかった生命のしくみ』が２０１６年9月末に出版されてから早3年半が経とうとしています。そのとき、ゲストとして登場した東京工業大学（東工大）の大隅良典《おおすみよしのり》栄誉教授をノーベル賞有力「候補」として紹介したのですが、出版3日後の10月3日にノーベル生理学・医学賞受賞が決定しました。まさにグッドタイミングで、著者一同、大いに盛り上がったことを覚えています。

さらに２０１８年には、京都大学の本庶佑《ほんじよたすく》先生が同じくノーベル生理学・医学賞、昨年２０１９年には旭化成・名城大学の吉野彰《よしのあきら》先生がノーベル化学賞を受賞

され、日本人の科学に対する貢献が世界で大きく認められた3年あまりでした。

この間、科学の中でも特に生命科学の分野では、私たちの想像をはるかに超える進展がありました。

その一つが、生物の遺伝情報を人為的に書き換える技術「ゲノム編集」が現実のものとなったことでしょう。これは、遺伝子組換え技術の一種ですが、30年以上も前に日本人研究者が見出した奇妙なDNA配列が発端《ほったん》となって開発された技術で、これにより自由自在にゲノムを改変することが可能となりました。これまで長大な時間をかけて品種改良を行い、有益な農作物や家畜、はたまたペットを創り出してきた人類は、この手法を用いることで、ほんの数週間・数カ月で目的とする生き物を創り出すことができるようになったわけです。

そして、この技術をヒトに使えば、遺伝病を根本的に治療できる可能性が見えてきます。ただ、良いことがある一方で、使い方を誤ると、人類の脅威となる生物も短期間のうちに創り出す可能性を秘めていることになります。また、ヒトに適用される場合は、編集されたゲノムは子孫に伝わる可能性があるので、より慎

重を期すべきですが、コンセンサスが得られる前に、2018年晩秋、中国でゲノム編集ベビーが誕生したというニュースが発表され、世界中が震撼《しんかん》しました。HIV（ヒト免疫不全ウイルス）感染を防ぐためという理由で受精卵でのゲノム編集がなされたようです。

「ゲノム」とは、遺伝情報の総体であり、化学的にはDNAという物質が担っています。DNAには、A・T・G・Cの4つの塩基《えんき》があり、この並び方（配列）が、遺伝情報そのものとなります（詳細は本文を読んでください）。この配列を確定する手法も、この10年近くで爆発的な発展を遂げました。その結果、我々は、〝自分自身〟の遺伝情報を〝自分自身〟で読み取ることが可能な時代に直面しています。果たしてその未来は何を意味しているのでしょうか？

DNA配列が生命のすべてだとすると、「ゲノム編集」で理想的な〝ヒト〟という生き物を創っていくことは可能なのでしょうか？　もしそうだとすると、同じ遺伝情報を持つ二人のヒトは全く同じ生き物として生きていくのでしょうか？

言い換えると、そもそも遺伝子で生き物のすべてが決まるのでしょうか？

このように、たった3年あまりで、多くの生命に関する問題が提起されました。これらを正しく理解し、しっかりと考えていくためには、さらに正しい最新の情報の発信が必要だと強く感じるようになりました。

そこで、今回の改訂ではより多くの読者に手に取っていただけるよう、最新情報やそれにまつわる問題点を厳選して追記し、文庫本として出版することにしました。文庫本では、単行本のときの臨場感、躍動感、かつ、理解しやすさはそのままに、最新の情報もきちんと「聞いてわかった」となることを請け合います。

「生命って、実によくできているなあ！」

これは鼎談《ていだん》中に池上彰《いけがみあきら》さんが何度も口にした言葉です。今回の改訂によって、この感動を読者の皆さんがより強く共有できるようになったとすれば、望外の幸

せです。

2020年2月　すずかけ台にて

東京工業大学教授　岩崎《いわさき》博史《ひろし》　田口《たぐち》英樹《ひでき》

はじめに

「生きているって、どういうことですか？」

この問いかけに即答できる人はなかなかいないと思います。ご飯を食べて、息をして、水を飲んでさえいれば「生きている」のは当然でしょ、ということで、私たち生きものがどのようなしくみで生きているのか想像する必要すらないのが普通です。

ただ、本書を手に取った方々なら、知的好奇心からもう少し深く知りたいなとぼんやり思ったことがあるのではないでしょうか。もしくは、自分、または家族